庭要素

红砖造景实例
——专为露台和小庭院设计

［英］　艾伦·布里奇沃特
　　　　吉尔·布里奇沃特　（A.&G.Bridgewater）著

李函彬　译

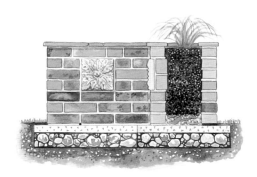

中国水利水电出版社
www.waterpub.com.cn
·北京·

内 容 提 要

　　本书主要介绍如何使用砖石等材料打造花园景观，分为两部分内容。第一部分为技能篇，包括设计与规划、工具、材料、地基、混凝土和砂浆等11个打造花园需要做的准备，不仅有详细的图例展示，还有各种工具的使用说明。第二部分为案例篇，包括花境砖缘、乡村风步道、花草庭院、储物凳椅、经典圆形池塘等16个实用案例，每个案例都有详细的建造步骤和施工图片，能帮助读者轻松打造出属于自己独特风格的花园。

　　本书适合所有园艺爱好者和想打造自己庭院的人阅读。

北京市版权局著作权合同登记号：图字 01-2020-1843

图书在版编目（C I P）数据

　　红砖造景实例 ：专为露台和小庭院设计 / （英）艾伦·布里奇沃特，（英）吉尔·布里奇沃特著 ；李函彬译
. -- 北京 ：中国水利水电出版社，2021.11
　　（庭要素）
　　书名原文：Weekend Projects Brickwork
　　ISBN 978-7-5226-0081-9

　　Ⅰ．①红… Ⅱ．①艾… ②吉… ③李… Ⅲ．①庭院—景观设计 Ⅳ．①TU986.2

　　中国版本图书馆CIP数据核字(2021)第209440号

策划编辑：庄　晨　　　责任编辑：杨元泓　　　封面设计：梁　燕

书　　名	庭要素 红砖造景实例——专为露台和小庭院设计 HONGZHUAN ZAOJING SHILI——ZHUANWEI LUTAI HE XIAO TINGYUAN SHEJI
作　　者	［英］艾伦·布里奇沃特　（A.&G.Bridgewater）著　李函彬　译 　　　吉尔·布里奇沃特
出版发行	中国水利水电出版社 （北京市海淀区玉渊潭南路 1 号 D 座　100038） 网　址：www.waterpub.com.cn E-mail：mchannel@263.net（万水） 　　　　sales@waterpub.com.cn 电　话：（010）68367658（营销中心）、82562819（万水）
经　　售	全国各地新华书店和相关出版物销售网点
排　　版	北京万水电子信息有限公司
印　　刷	天津联城印刷有限公司
规　　格	184mm×240mm　16 开本　10 印张　233 千字
版　　次	2021 年 11 月第 1 版　2021 年 11 月第 1 次印刷
定　　价	59.90 元

序言

　　我和吉尔的第一套房子是一处与世隔绝的维多利亚式农舍。第一眼看到它的时候，我们就被主屋附带的大量砖砌建筑吓了一跳，因为它们看起来更像是一座座摇摇欲坠的废墟。然而，我们发现这些砖都棱角分明且成色尚好，砖面的砂浆也还很绵软。因此，我们将其表面的砂浆清理干净，决定就地取材，用这些旧砖为主屋进行翻修和扩建。我们联络了村里一位退休的石匠高手，他也欣然同意为我们出谋划策。

　　接下来的十年，是一家人忙前忙后打造新家的十年——吉尔负责清理砖面，两个小宝宝也都"各司其职"。这是一个费时费力的大工程，我们也犯了很多错误，但这些都抵不过自己动手进行创造的兴奋与满足。这十年之中，我们建造了无数大大小小的建筑结构：砖墙、拱道、立柱、花坛、步道、棚屋，甚至还完成了半口水井！一砖一瓦，一点一滴，筑就了我们人生中最快乐、最有意义的一段时光。

　　我们希望通过此书与大家分享用砖石打造花园景观的点滴喜悦。本书会为你讲解每个建筑案例的设计思路，以及可以调整哪些方面以满足不同的个人需求。此外，你还可以了解到不同工具和材料的使用方法，以及砌筑工程的必备技能。我们还在书中加入了大量的图示和照片，用最生动有效的形式为读者分步展现砌筑过程。简言之，你可以从本书中获得砌筑工程的全阶段体验——从设计、制作、建造到完工，每一步都会得到详尽的指导。

　　砌筑工程无需复杂的工具或专业的知识，最重要的是用心体验亲自动手为花园添砖加瓦的过程，以及享受心手合一、创造发挥的无尽欢乐。接下来，就祝你好运吧！

Alan& Gill

目录

 安全操作

手套

护目镜

防尘口罩

隔音耳罩

急救箱

手机

橡胶手套

靴子

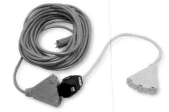

两端接线式接地故障电路断路器

- 有些建筑工程很消耗体力，如果不确定能否胜任，请先咨询医生的意见。在搬举重物时，尽量将其贴近身体，并弯曲膝盖，避免弯腰导致背部肌肉拉伤。
- 切勿在感到疲惫时操作任何机器、抬举重物，或进行其他复杂的操作。
- 在使用工具和材料时，请依照厂家说明进行操作。
- 将手机和急救箱近身放置，以便出现紧急情况时能够及时处理。尽量避免独自作业。
- 若家中有儿童，请勿建造池塘。其他水景设计更为安全，但仍需时刻照看儿童，以防发生意外。在使用电动工具和水泵时，需在插座和插销之间使用两端接线式接地故障电路断路器，以防发生触电意外。
- 砌筑工程——无论是挖坑、拆除垫层，或是砖材的运输和处理——都会磨损手部皮肤，因此在施工过程中要尽量佩戴耐磨的皮革手套。在进行比较细致的操作之前可能要将手套摘下。
- 在调制混凝土和砂浆时，要佩戴防水的厚橡胶手套，避免水泥灰腐蚀手部皮肤。
- 厚皮靴，尤其是钢头安全靴，可以起到保护脚部的作用。在进行某些操作，如切割会产生尖锐飞屑以及粉尘的材料时，需额外佩戴其他护具。粉碎垫层材料、切割或打碎砖石及混凝土时，需要佩戴护目镜；在搅拌水泥灰时还要佩戴防尘面罩。
- 使用角磨机时需着厚靴、手套、护目镜、防尘面罩，以及隔音耳罩。
- 操作任何噪声较大的机器时都应佩戴隔音耳罩。

砌筑灵感

砖材易处理、易加工，会让整个砌筑工程变成一种享受。无论是庭院铺面，还是花园景观，砖砌建筑总能给人一种稳重恢弘的即视感。砖材还可通过不同的砌式和设计展现强大的可塑性，是创意结构设计领域中无出其右的百搭建材。此外，砖砌建筑还能与周边景观完美融合，互为映衬。

砖材集柔美与粗放于一身，天然而无矫饰，从内而外散发着迷人美感。砖有各种颜色，深如板岩蓝黑，亮如一抹鲜红，浅可如奶油般柔白，之间更有橙黄棕赭，如同彩虹般绚丽多彩。再配合上个性独特的砌式图纹，任何建筑结构都可变得奇趣无限。

只要掌握三个简单实用的技巧，就可以为大多数砌体增添视觉亮点：尝试不同的砌式图纹；多种颜色砖材进行搭配；以及用木材、石材或瓦片进行混搭。

使用人字形、席纹形和菱形等传统组砌方式可以轻松打造出赏心悦目的视觉体验（见第48～49页）。为了进一步焕发这些传统纹样的全新活力，还可以尝试砖块凹槽面或底面朝上、端面（丁面）坐浆，或侧面（顺面）坐浆等不同的组砌方式（见第27页）。此外，还可以将砖块做切割处理或者呈斜角组砌。

除了在组砌图纹和砖色搭配上做文章，还有一种让砌体外观更为亮眼的方法，那就是去探索砖材与其他天然建材搭配而激发出的原生态和谐美。可以尝试的建材包括石材、瓦片以及木材等。将砖材与不同的建材巧妙结合，可以中和砌体的质朴之感，展现出更为丰富的层次与魅力。

左图　这个都市里的绿洲成为家人、朋友放松和娱乐的最佳地点。与周围的砖砌建筑相呼应，两两一组的拼接设计让露台显得坚固又不乏味。

上图　无论是刻意摆放的对称的花盆，还是布满岁月痕迹的红砖和斑驳青苔之间的对比，这座质朴
又传统的楼梯显得那么和谐。砖块侧铺出宽大的台阶，一路延伸到门口，中间的平台亦可作为小小
的露台使用。

下图　宽敞的砖面庭院四周环绕着矮树篱（图中未展示），乍看之下仿佛一条宽阔的步道。该庭院为装饰一处坡地而铺设，庭院外缘抬高，内缘与树篱旁的草皮平齐

右图　图中工艺精良、结构坚固的台阶连接着一条通往美丽砖石花园的小路。该台阶设计看上去十分简单，但实际上，不论是整体的砌筑规划，还是台阶踏步那不易察觉的细微弧面，都需要投入大量的心血。

上图　许多类型的红砖小景，例如矮墙、花坛沿、小径、砖柱，都适合"打包"在一起，成为一个整体的景观。这条红砖小路引导你走入大门，沿着矮墙转弯可以看到红砖圈起的花坛，隔开了小路和矮墙。红砖的矮墙并不是厚重笨拙的，相反，利用镂空垒砌的方法让这个角落多了一丝若隐若现的微妙感。

左图　这是一面传统的英式萨塞克斯农场砖墙。砖墙采取丁砖砌合方式，从上至下斜向排开。

上图　图为乡村花园中两节装饰矮阶。台阶的形状以及整体的扫扇形排列方式将访客的目光吸引到后方的阶梯和阶梯后面的草坪。被框住的人字形铺面和细节处的凹槽必定花费了不少心血和时间。

右图 直角的方形花坛搭配修剪得圆润蓬松的植物，为这个小庭院增添了许多视觉上的趣味性；多品种的植物和交叉铺设的红砖，质朴的木椅和波纹墙面，让庭院的整体氛围柔和又安逸。

左图 显而易见，这个抬升式的圆形池塘需要用大量的红砖垒砌，无疑具有很大的难度，但是它成为这个花园式庭院的中心景观。这些砖块的老旧外观夹杂着历史感，宽阔的边沿也恰好成为了一个舒适的座位区。

第一部分：技能篇

设计与规划

砌砖是一种艺术，是心、手、眼的配合。砌筑工程的关键在于规划、节奏、重复和时机。打造完美砖砌结构的制胜难点，便是在少测量、不切割的前提下将所有的材料组合在一起。如果不得不进行切割，要尽量做到一次成型，这也是十分有挑战性的操作。无论是全新的砖材、从老旧砌体上拆来的旧砖，或是其他工程的边角料，只要可以不经加工直接利用，就是最理想的结果。

开工之前先思考：

- 你想获得的效果。写下对你来说最重要的元素，然后翻阅杂志书刊，或者拜访别人的花园来评估各种设计的可行性。你可以根据个人需求在我们的施工设计上做些改动。
- 砖有很多材质和颜色。因此要花时间做功课，了解市面上可以买到哪些砖，也进一步确定自己的喜好。
- 要想让砌筑工程更好地融入庭院空间，可能需要改变其形状、尺寸或者比例。例如，某个结构也许更大一点、更矮一些、更长更薄才更美观；又或者改成方形会比圆形更为合适……用单砖尺寸来精确计算整个砌体的尺寸，并尽量使用整砖进行砌筑（见第40～41页了解如何切割砖材）。砌体位置和朝向是至关重要的元素。动工前，先用木棍、塑料布或胶合板在施工区域进行标划，发现并排除一些潜在的问题，如砌体是否挡住了去花园的路、从某些角度看是否不美观，会不会造成大片阴影等。
- 若建造池塘或其他水景结构，要考虑两个问题：一是是否需要在园中挖一道长沟渠埋放电线。如果需要的话，花园的条件又是否容许这样的操作呢？二是整体砌筑过程中有无任何不懂的地方。可以先用纸笔画图来找到问题的解决方案，或者用真实材料搭建实物模型进行演练。
- 计算要投入的时间和资金成本，确保砌筑工程的可行性。

选址： 决定某一结构的建筑地点。选址时，要综合考虑待建结构的朝向、日照、阴影，以及与房屋的距离等因素。

选择合适的工程

我们有时候会因一时兴起而忘乎所以，不知不觉地将砌体越建越大。最终成品不仅比例失调，也与周围景观格格不入。这都是由于施工过程中比例计算不慎以及风格挑选错误而导致的。因此，在决定要砌筑某一结构之前，应先仔细审评自家花园或院落的整体环境，认真思考有哪些地方可以改进。如果园内杂乱拥挤，那么可以重塑某一现有建筑，让其更小、更醒目或更具观赏性。如果整体空间荒芜破败或尚未装修，则要先完成花园的整体设计和布置。在砌筑之前，一定要确定砌体能够与整体空间和谐相融。

花园建筑的功能远不仅限于满足基本使用需求，而是将整体空间修饰得更为美观雅致。为了让某一结构更好地融入自家花园的整体设计，你可能需要改变它的外观或风格。例如，一个比例匀称的简约砖花盆或许很适合现代花园的风格，但如果将其摆放在维多利亚风花园中，可能就要在其表面添加一些细节美化和修饰才更为搭配。从安全层面考虑，若家中有儿童，尽量不要建造池塘及某些水景构造。

工程规划

每项工程开始的第一步，也是最重要的一步，就是确定其精确尺寸及建筑位置。例如，若想在后院铺装庭院，首先需要了解其成品高度、如何倾斜才能防止雨水淹到房屋，以及小到一块砖、一道灰缝的精确尺寸。

在本书的案例中，我们已为你做好了大部分设计规划工作。在阅读时，应注意操作指南中穿插的小贴士以及有关特殊情况的说明，并根据这些建议对原本设计做出更改。此外，各案例中会提及一些技能相关内容，可以根据文内提示回到本章节相应位置进行阅读。在开工之前，先对施工场地进行现场勘查，然后在图纸上画出简明比例图。图上应包含地基铺设示意图和工程砌筑示意图。有些结构会有一些比较明显的问题需要考虑。例如，台阶的修建尺寸要遵守某些标准，否则容易绊倒行人；太高或太长的墙壁若没有额外支撑可能会倾斜或倒塌（见第50～51页）。

每个砌筑工程都需要一个地基，即建筑物下作为支撑基础的土体。地基需要坚固且水平（庭院地基需要稍有斜坡）。如果没有良好的

摆砖样： 在不使用混凝土或砂浆的情况下，将所有的建材排列起来，以确定砖块的砌式图案是否切实可行。

规划： 规划是指工程选择、场地勘查、制图、计算数量及成本等一系列开工前的步骤。详尽细致的规划十分重要，能够避免误工或浪费材料等问题。

地基，建筑物很有可能会倒塌。因此，务必为砌体铺设合适的地基，并在图纸中规划好其尺寸和深度。例如，如果你想使庭院铺面与周围地面平齐，就要考虑铺面砖块的厚度。

购买正确的工具和建材

在研究清楚所有设计细节之后，就可以着手规划施工所需的工具和建材了。考虑到砌筑工程的成本预算，有时可能要在工具和建材的选购方面做一些妥协和让步。如果真的要做出取舍，应给自己留出充足的时间，尽量用基础的手动工具去完成一个工程，而不要在建材上面省钱，使用容易磨损老旧的建筑材料。

如果你没有一套完美的工具，可以考虑借用或者租赁更优质的工具。如果是大型建造工程，那么借用一台混凝土搅拌机可以起到事半功倍的效果。当然，如果你是一位享受边施工边锻炼的健身狂人，也可以手动完成这项工作！购买建材时，可以多致电询价，并尽量批发。个人所处地区不同，可以购买到的砖材种类也不尽相同；除了选购全新砖材外，也可以考虑使用次级品或回收旧砖。

花园里的砌筑设计

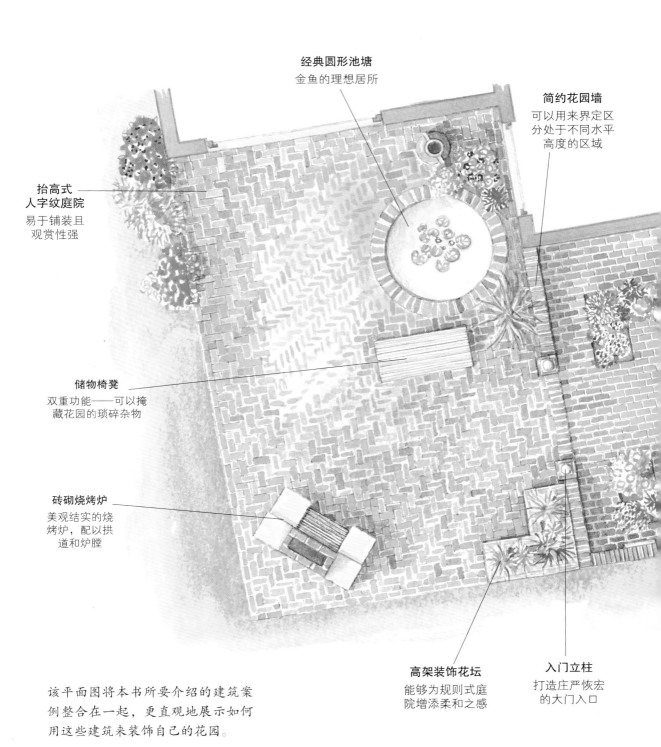

经典圆形池塘
金鱼的理想居所

简约花园墙
可以用来界定区分处于不同水平高度的区域

抬高式
人字纹庭院
易于铺装且观赏性强

储物椅凳
双重功能——可以掩藏花园的琐碎杂物

砖砌烧烤炉
美观结实的烧烤炉，配以拱道和炉膛

高架装饰花坛
能够为规则式庭院增添柔和之感

入门立柱
打造庄严恢宏的大门入口

该平面图将本书所要介绍的建筑案例整合在一起，更直观地展示如何用这些建筑来装饰自己的花园。

半圆式台阶
巧妙地将访客目光
吸引到入口处

花草庭院
适合种植蔷薇或草
本植物等小型植被

跌水槽
外观趣味性十足
且相对安全，适
合有儿童的家庭

景观墙
图案各异、独具特
色，艺术气息十足

铎式拱形壁龛
造型独特且耐人
寻味，必会成为
全场焦点

经典鸟澡盆
建在房屋视线
范围内，增添
冬日景观亮点

草莓花桶
种草莓的完美容器

乡村风步道
用简单多彩的方式打造
一条传统的园中小径

花境砖缘
既美观，又能
简化除草工作

工具

　　砌筑工程其实并不需要太多工具，但是要在预算允许的情况下尽量选购最优质的产品。如果预算有限，那就把钱花在重要的工具上，购买最好的砌砖刀、勾缝刀，以及水准尺（最好是传统的木质水准尺），而在铁锹和其他工具方面则可选择相对低廉的产品，以节省开支。接下来既会介绍施工过程中的必备工具，也会介绍一些为了减轻工程难度而可以租借的工具。

工具：测量和标划

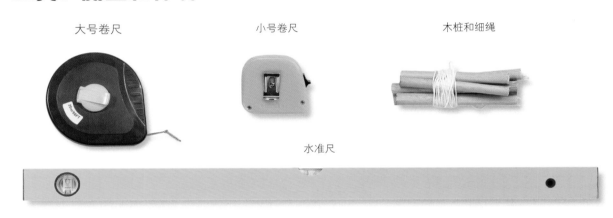

大号卷尺　　　　　　　小号卷尺　　　　　　　木桩和细绳

水准尺

工地测量和标划

　　如果你对花园工程和砌筑操作尚不了解，可能一时间不知从何开始。一切始于地基，你可以选择将砌体建在现成地基上（如庭院铺面，见第35页），或者挖土铺设全新地基。

　　在铺设地基时，使用卷尺（卷尺有不同长度规格）来确定其尺寸，然后用木桩和细绳进行标划（见第34页）。如果地基形状不规则，用灰粉或喷漆代替细绳。标划之后开始挖基坑：基坑四壁框出的空间就是需要铺设地基的空间。此外，还可以使用木板（模板）制作一个更为精准的骨架，围出地基区域。挖掘时为

校平：使用水准尺来检测建筑或砖块是否平整（水平面与地面平行，竖直面与地面垂直），并根据检测结果对砖块的位置进行校准。

确保坑底表面平整，可以使用水准尺进行校平。施工前应将腰梁拆除。

砌筑过程中的测量和标划

　　砖砌建筑的各边尺寸应与单一砖块尺寸成比例（见第27页），因此可以先计算出底部砖层的长宽，然后按照计算结果在新挖或现成地基上进行标划，标划工具会用到卷尺、直尺以及粉笔；第二种标划方法是在不使用砂浆的情况下用干砖摆样。摆砖样时应确保每块砖之间留出等距缝隙，然后调整砖块位置，确保其四边横平竖直。之后用粉笔在其周围进行标划。

　　在砌好第一层砖之后，用水准尺进行校平，确保砖层表面平整且与地面垂直，用直尺检查砖块是否笔直排列。在砌筑较长的墙壁时，可以使用施工用线组校准石材砌层的组砌位置，以及预标墙体高度（见第91页）。

工具：铺设地基

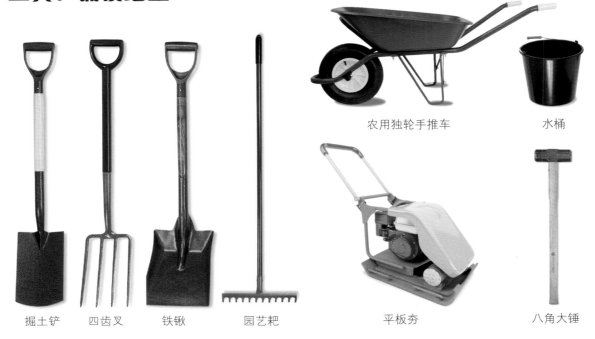

掘土铲　四齿叉　铁锹　园艺耙　农用独轮手推车　水桶　平板夯　八角大锤

除草皮以及挖土

　　用细绳、灰粉或油漆标划出地基区域后，便可进行挖掘移土等工作，以得到一方四壁平整、深度自定的基坑。掘土铲可以用来划开草皮，四齿叉则能够轻松将草皮成块掀除。农用独轮手推车主要用来运输转移挖出的泥土。需要移除砂土较少或操作空间有限时，可以使用水桶来代替手推车。手推车和水桶也用于运输其他建材。若土层很硬或多砂石，可以用十字镐（鹤嘴锄）等特制挖掘工具进行基坑的挖掘。

夯实垫层

　　若想获得坚固的地基，一定要对垫层（碎砖、碎石以及混凝土）做夯实处理。可用八角大锤将垫层骨料敲碎并锤进基土之中，从而形成一层均匀、夯实的垫层。当基坑面积较大（大于2m²）时，这一操作会十分消耗体力，因此可以雇人完成或者购买现成的碎砖垫层。碎砖垫层更容易敲碎及夯实。在进行此操作时，需时刻佩戴护目镜，避免飞屑入眼。

摊铺砾石、砂土及混凝土

　　用铁锹进行砾石、砂土、石碴（砾石和砂土的混合物）以及混凝土的摊铺。如需在较大平面区域均匀摊铺干性建材，可以使用园艺耙进行协助。用刮板刮掉地基表面多余的砂土、混凝土或石碴，形成特定深度的平整表面。刮板主要结构为长木板，两端有边框支撑（见第65页）。有些庭院铺面的地基由干物料而非水泥铺设而成，针对这种情况，最好租用夯实机器，即平板夯，将砂石或石碴压进基土中，形成坚固的地基。平板夯还可以用来夯实庭院铺面的砖层。

垫层： 用八角大锤将碎石块、砖块或混凝土敲碎后平铺在基土之上。垫层可以促进排水，并在地基底层提供支撑作用。除上述材料之外，排水岩、砾石或级配基层都可作为地基垫层。

工具：混制混凝土和砂浆

铁锹

水桶

胶合板

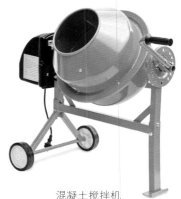

混凝土搅拌机

手动混制

手动混制混凝土或砂浆是非常消耗体力的操作。首先找一块边长约1.22m、厚度约13～25mm的室外用胶合板作为拌灰板，再拿一把铁锹，以及一个用来装水的水桶（见第37页）。如果水泥或砂浆用量超过25kg，则建议使用混凝土搅拌机进行操作。

使用混凝土搅拌机可以用来混制混凝土和砂浆，不仅省时省力，而且效果也远好于手动混制。你可选择购买或租赁多种容量规格的混凝土搅拌机，还可以选择电动或气动款。家用DIY工程更适合使用小型电动混凝土搅拌机，大约可以搅拌12满锹的水泥、细砂或石碴，制得一推车左右的混凝土或砂浆。操作时一定要严格遵守机器附带的使用说明。在搅拌结束之后，应该在五分钟之内清洗机器，否则拌料筒内残留的水泥就会凝固。可以用水管和清洁刷清洗混凝土搅拌机。

工具：处理砂浆

砌砖刀

勾缝刀

摊铺砂浆

砌砖刀与勾缝刀形状相似，但尺寸较大，是砌筑工程中最常用的工具。砌砖刀可用于盛托砂浆，也可将砂浆均匀平整地摊铺到砖块的顶面和侧面。砌砖刀还可以用来刮掉砖缝中挤出的多余砂浆。此外，还可以使用砌砖刀的刀片或手柄敲打并校平砖块位置，或将其大致切成两半。

勾缝

完成砌体的砌筑之后，要在砂浆干透前用勾缝刀或其他方法清整砖块之间的灰缝（另一种方法见第47页）。勾缝刀可将砖缝填塞饱满，也可用于重嵌灰缝（见第55页）。使用勾缝刀时，应注意不要将残余砂浆抹到砌体表面。此外，若在用砌砖刀进行某些操作时感觉过重或不顺手，也可以用勾缝刀进行替代。

工具：切割砖材、石材和混凝土

切割砖材

本书中所介绍的建筑案例大多只需切割少量砖块，因此我们建议一切从简，只使用手动工具即可。手工切割砖材的最常用方法是用修砖錾和手锤直接将砖块切开（见第41页）。

除了手工切割，还有许多机器也可用于砖材和其他材料的切割（见第41页），如角磨机和切砖机（适用于快速垂直切割，但切割效果不如砖石锯好）。其他砖材切割机还包括装有耐磨砖石锯片的电圆锯，以及装有切石刀片的圆盘切料机。如果你在砌筑过程中需要切割数百块砖材，那么可以考虑租用配有金刚石锯片的电圆机（也可用其进行斜角切割）。

切割混凝土块、板材、石材和瓦片

混凝土铺路块的切割方法与前面介绍的砖材切割方法相同。混凝土铺路板、扁平石板，以及较厚的混凝土或黏土瓦片均可用重型圆盘切料机或电圆锯进行切割，具体视建材尺寸而定。但是为了安全，我们建议先用装有切石刀片的角磨机在建材表面拉出划痕，再用修砖錾和手锤将其切断（见第41页）。大多数较薄的瓦片只需使用手动瓷砖切割机即可进行切割。

手工切割建材时务必佩戴手套及护目镜；在使用机器进行切割时，须佩戴手套、护目镜、防尘面罩、隔音耳罩，并穿耐磨的工作靴。

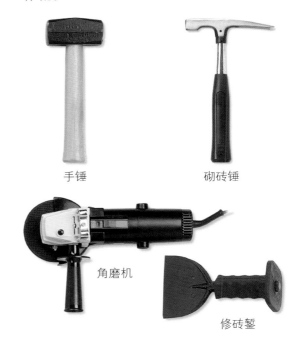

手锤

砌砖锤

角磨机

修砖錾

其他工具

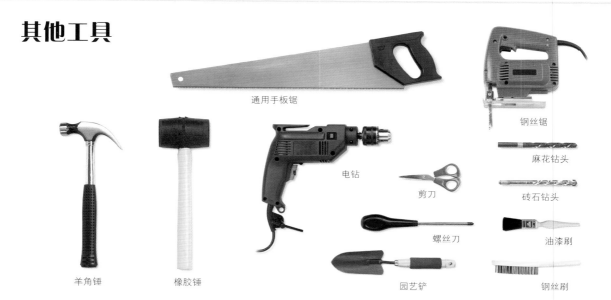

通用手板锯
钢丝锯
麻花钻头
电钻
剪刀
砖石钻头
羊角锤
橡胶锤
螺丝刀
油漆刷
园艺铲
钢丝刷

木工

有些砌筑工程会在铺设地基时用到木质模板（木框）。模板通常由方形木板拼组而成，其外形横平竖直，通过木桩和钉子固定在基坑内部（见第29页）。制作模板只需通用手板锯和羊角锤两种工具。

用砖材砌筑简易拱形结构其实难度不大，但需要先制作一个木制拱模来定型，并在组砌过程中为砖材提供支撑（见第124～129页，第136～143页，第144～151页，第152～157页）。定型模具通常为胶合板材质，其切割主要用到简单安全的电动钢丝锯。在制作定型模具时，先在胶合板上画出理想的曲线形状（可能用到长臂圆规，见第46页），之后将胶合板按在工作台上，启动钢丝锯，沿着胶合板上画好的线条缓慢进行切割（电锯启动前不要让锯片接触胶合板）。使用钢丝锯时要严格遵守厂家的使用说明，并且在使用过程中时刻佩戴护目镜。

钻孔

带有电锤模式的通用型电钻是钻孔的理想工具。如果是在木材上钻孔径小于10mm的小孔，可使用麻花钻头；如果孔径大于10mm，则使用扁钻头。如果是为砖石材料钻孔，则要使用砖石钻头，并将电钻设成电锤模式。使用电钻时务必遵守使用说明。

表面清整

砌筑工程完工后，需要对施工现场进行整理清洁，将砌体表面或地面残留砂浆清理掉（如果你是做事一丝不苟的人，那可能在每天收工之前都会进行这项操作），可以使用钢丝刷刷洗砌体表面（须佩戴手套和护目镜）。如需在砌体表面施用清洁剂（见第54页），则要用油漆刷。油漆刷也可用于其他涂刷操作，如给水景砌体涂刷防水底漆（见第157页）。

其他工具

可以用橡胶锤敲打砖体或其他石材表面，使其坐浆。橡胶锤弹性大、自重大，击打建材时不会对其表面造成损伤。手锤或砌石锤的塑料或木质手柄也可以用于类似操作。除此之外，还有一些其他实用的工具：如果你想用螺丝代替木钉，那么需要用螺丝刀来拧转螺丝；高架装饰花坛和草莓花桶等涉及花草种植的工程则需要用到园艺铲。

在建造需要用到衬里材料的水景构造时（如经典圆形池塘），需要用剪刀剪裁衬里；在建造跌水槽等构造时，需要用弓锯切割用于保护电线和水管的铠装塑料套。以上所有工具都可以随用随买，无须提前准备。

材料

　　后院花园砌筑工程最好使用烧结温度较高的室外用砖体或工程抗蚀砖。与普通砖相比，这两种砖材的强度更高，抗冻性也更好。因此，购买之前的首要任务就是找到价廉物美的砖材供应商。如果可以租借一辆平板卡车亲自前往供应商处取货，则会节省一大笔费用。幸运的话，还可以偶遇一些半价以下出售的变形瑕疵品。这些瑕疵品看似伤痕累累，但其实非常适合应用在花园建筑工程之中。选购时避免有横向裂纹的砖块。

砖材

手工制粗面砖

手工制饰面砖

普通挤压砖

半工程抗蚀挤压砖

斜面丁砖

单扇形圆角砖

斜角压顶砖

半圆压顶砖

古典风赤陶装饰板

外观

对于大多数砌体来说，外观是最重要的一个方面。一般情况下，砖材比混凝土或人造石等人造砌墙建材更为美观迷人。在选购砖材时需谨慎考虑：某些现代砖材的色彩和纹理搭配可能会产生极其碍眼的视觉效果。

研究学习现有的砌筑结构，以找到自己最喜欢的外形和风格。有一点需要牢记：一块砖的风格特色在垒砌成墙或铺成庭院铺面后会被加强、放大。砖是以地下黏土为主要原料制成的，而不同地区的黏土在颜色和特性上有差异，因此不同地区出产的砖也大不相同。同时，砖的制造方法也各有不同：机制砖的形状尺寸最为标准，砌筑起来也最为得心应手；手工制砖外观更优，但表面不平整，组砌起来也相对困难。此外，不同地区能找到的特制砖种类和设计也会不同。

特性

不同的砖有不同的功用。面砖主要价值在于其外观，而工程抗蚀砖则主打抗高强度及低吸水性，外观并不是主要卖点。工程抗蚀砖是砖中最为昂贵的一种，只在特定情况下才会用到。例如，砌台阶时可能会需要工程抗蚀砖，因为其高强度和高硬度可以防止台阶塌陷。

所有的砖都有抗冻评级，分为抗冻、中度抗冻，以及不抗冻三种级别。不抗冻的砖只能用在内部。本书建筑案例中使用的砖材均为中度抗冻的面砖。

每块砖都有六个面：两个丁面（垂直于大面之较短端面）、两个顺面（垂直于大面之较长侧面）、一个凹槽面（顶面），以及一个底面。大多数砖材上都有一些空穴让砂浆流入，而砖的凹槽面，即顶面的长方形凹陷，就是起到储存砂浆的作用。有些砖没有凹槽面，而是以三个穿过砖体的孔取而代之。带有凹槽面的砖运用起来更为灵活多变，因为凹槽砖有一面是平面，所以可以将其上下面颠倒，作为压顶砖或铺面砖使用。

尺寸

砖的尺寸维度是非常关键的要素——你会在开始砌筑不久就对其重要性有充分的认识。砖材的长度约为宽度的两倍、高度的三倍，体积大小十分便于运输和处理。这也意味着砖材可以适用于很多不同的建筑工程。每块砖的精

确尺寸会因制造商不同而有所差异。标准美制砖和公制砖在尺寸上也可能有区别。有时还会为了搭配旧砖而制造一些特定尺寸的砖材。

标准美制砖尺寸为20.3cm×9.2cm×5.7cm。加上6mm的灰缝后，单位砖体尺寸则变为21cm×9.8cm×6.4cm。

公制砖的尺寸通常为21.5cm×10.25cm×6.5cm。在计算某砌体所需砖块总数时，要算入相邻砖块间10mm的灰缝，因此每单位砖体的长、宽、厚度就分别变为22.5cm×11.25cm×7.5cm。

本书中介绍的案例既可以用公制砖砌筑，也可以用美制砖砌筑。但是如果用美制砖砌筑，最终成品的尺寸会与书中标注的尺寸有出入。

其他种类的砖材

如果你钟意废旧庭院旧砖那种独特的古风，或者想用旧砖来搭配宅院中现有的砌体风格，那要先做好心理准备，因为旧砖的价格很可能比新砖要昂贵。在选购旧砖时，不要挑选表面残留砂浆的砖块，否则需要耗费很大精力将其铲除。

次等砖（二级品质）表示砖体有破缺、翘曲、裂痕，过火或欠火等瑕疵。在选购时避免购买有裂痕的砖或欠火砖。

市面上有许多不同形状的特制砖，可以满足各种特殊需求和装饰用途。可以多加留意，并且考虑将其融入砌体中，增加一些视觉亮点。

选购指南

- 购买砖之前一定要先检查产品。
- 如果选择租借平板卡车自己运砖，建议多次少运，不要一次将所有砖超载运回。
- 如果选择供应商送货，提前规划好卸货地点，确定货物不会造成危险或对他人活动造成妨碍。

地基材料、砂浆以及抹面底灰

石碴　　　　　　　砾石　　　　　　　粗砂

建筑用砂　　　　　　水泥灰

混凝土、骨料和石碴

大多数地基都从垫层开始铺设。垫层是将废砖、石头和混凝土等打碎并夯实而形成的坚固、紧密且排水力良好的基层。通常情况下，地基最后一层为混凝土层。

混凝土是由硅酸盐水泥、细骨料（砂土）、粗骨料（砾石或碎石）和水混制而成的建材。骨料中砂土和碎石的颗粒形状和大小对混凝土的属性起到了决定性作用，影响到其强度、硬度、耐久性，以及疏松度。大多数家装饰品建材店中都售有可直接使用的预拌骨料，内含粗砂、小碎石或砾石。这种骨料通常称为石碴（ballast）。本书中所介绍的工程案例通常适合选用由小颗粒砾石和砂土混合而成的普通骨料。

在铺装庭院和步道时，有时会省略地基中的混凝土层，取而代之的地基结构为：垫层、砾石和砂土；垫层和石碴；或者垫层、石碴和砂土。无论是以上哪种铺装组合，都应对垫层、石碴和砂土进行夯实处理。

砂土

砂土有很多不同的类型。粗砂通常用来制作混凝土、铺在路面下，或者与水泥搅拌后制成抹面底灰。建筑用砂（或称软砂）为中等颗粒的砂土，主要用于制作砂浆。软砂也可用来制作混凝土或铺设地基。尽管软砂没有粗砂实用，但为某一工程批发一种砂土并物尽其用也许更为划算。细砂（又称银白砂）是填充砖缝和铺面缝隙的首选，但较大的缝隙需要用普通砂土进行填充。

砂浆

砂浆是软砂、水泥灰、水和制而成的混合物，用于黏结砖材。砂浆原料的配合比十分重要，搅拌操作也需要多加练习（见第36～39页）。用粗砂混制而成的砂浆具有更强的颗粒感，适合作抹面砂浆。"抹面"是指在砌体表面涂抹薄薄一层砂浆并待其凝固的操作。

木材和胶合板

70mm×30mm
适合作为骨架

75mm×75mm
适合作为捣实梁

50mm×32mm
适合作为枕木

30mm×20mm
适合作为木桩

75mm×20mm
适合用来搭建路缘

150mm×20mm
适合搭建模板

"各司其职"的木材

90mm×40mm
适合作为小型板材的边缘

胶合板

轨枕

模板

　　模板是铺设地基过程中要用到的木质骨架。由于在铺设地基时模板木材会遭水泥破坏，并且一般在地基打好之后模板也就没有其他用处了，因此制作模板时可选用廉价的、锯好的木材或回收木材。胶合板由较薄的木单板粘合在一起而成，是制作成型模具的理想材料。成型模具为拱形骨架，在施工过程中为拱形结构的组砌提供支撑。胶合板的标准尺寸为2.44m×1.22m。市面上也可以买到由标准胶合板切割下的小尺寸胶合板。

其他用途

　　木材与砖都是暖色调，因此搭配起来十分和谐、美观。防腐松木、橡木或轨枕都可以巧妙融入花园的砌筑景观之中。

　　在砌筑过程中，可以将价格低廉的室外用胶合板（俗称模板胶合板）围在施工区域周边，起到保护砌体的作用，同时还能保护草坪，以及遮挡施工现场的杂物和破损。

其他材料

　　本书中的一些案例，如经典圆形池塘和跌水槽，会用到更多上文没有提过的建材。有些特制材料，如土工织物或丁基橡胶衬里，在当地的DIY零售市场可能难以买到，可以尝试在其他渠道查找供应商。通常情况下，池塘建材和水景建材供应商会销售土工织物和丁基橡胶。

瓦片、石材和铺面材料

屋面瓦

地面砖

装饰釉面瓦

黏土铺路块

混凝土铺路板

人造石铺路板

磨盘

天然石板

约克石

屋面石

天然石块

大卵石

漂石

小卵石

瓦片

瓦片的种类数不胜数。在砌筑建筑快要完工时，通常会将黏土屋面瓦铺砌在建筑顶层作为压顶，起到雨水引流的作用，避免淹湿砌体。在特制材料供应商处可以买到专为砌筑建筑设计的装饰用黏土瓦（带有花朵装饰图案的黏土瓦叫作rose blocks，直译为"玫瑰瓦"）。由于有些混凝土瓦的造型似天然石块或黏土，因此也被称为人造石。赤陶地面砖、缸砖、色彩明艳的瓦片，以及带图案的釉面瓦都可以融入砌筑工程，让砌体更具装饰性。

石材

自古以来，人们就把石和砖搭配在一起来装饰砌体。市面上可以找到很多天然石材，但为了使其能够与当地砖材的颜色和谐搭配，最好选购本地开采的石材。购买石材之前，先浏览供应商可提供的商品选择，然后观察当地建筑找寻灵感，最后再做出决定。不要选择看起来易碎或有裂痕的石材。尽量选购可以即买即用的石材，这样可以避免进行切割操作（如果需要切割石材，请参考第42～43页）。

可以将大卵石和小卵石嵌在砂浆内来打造一面带图案的表面，为砌体或路面锦上添花。

铺路板

简单的混凝土铺路板对于花园景观来说也许过于乏味，但除此之外，也有很多不同选择可以为路面带来迷人风貌。带有纹理或色彩的铺路板，即人造石铺路板（由碎石和混凝土混合而成）在外观上浑然天成，与天然石材一样美感十足。用天然石材做铺路板固然是非常理想的选择，但这些材料通常极其昂贵，很有可能超出可行预算范围。

铺路砖

普通砖块可以用来铺路（搭配周边的砖石建筑），但是需用砂土将砖块上的空槽（凹槽面或孔）填满。此外，由于砖的尺寸比例是为砌筑工程而设，其中考虑到了灰缝，因此在用其铺路时，很难保证相邻两块砖的空隙相同。但在某种程度上，这也反而为砖面路增添了一丝别样的风采。

铺路砖通常为路面、庭院铺面和车道铺面专用的高硬度薄层黏土或混凝土砖。铺路砖在形状、尺寸和表面处理方面有很多选择，而在众多选择之中要属窑烧制成的、砖块大小的黏土铺路砖最为美观耐用。这些黏土铺路砖通常拥有淡雅的面色，且历久弥新，经久不褪（相比之下，混凝土铺路砖大约5～10年就会褪色）。铺路砖的长度恰好为宽度的2倍，厚度通常要小于砖块，因此也更容易拼出各种图案。用铺路砖铺装路面时所需的凹穴比砖块铺路所需凹穴浅。人造石小石块（尺寸较小的长方形铺路块）以及模拟砖都属于混凝土铺路砖。

地基

千省万省，铺设地基绝不能省。大多数砌筑工程都需要一个坚实稳固、实用可靠的混凝土地基。如果你觉得自家花园需要铺设一个强度在平均水平以上的地基，那么可以在基础地基上做些调整。例如，如果地面土层太松软，则可将地基挖深挖宽；如果地面太潮湿，可以多铺一层垫层来提高排水力。

关于地基

每个砌筑工程都会包含地基。地基是指建筑物下面支撑基础的高强度、高稳定性的平整土层。直接将砌体筑在地面很难达到理想效果。砌体自重以及雨水作用会使土壤受压腐蚀，从而导致砌体下沉、裂缝、倾斜甚至倒塌。因此，无论是建墙、鸟澡盆还是庭院铺面，都应先铺设一个优质坚固的地基。地基通常由底部垫层和上部混凝土层组成。庭院铺面或路面地基通常会省略混凝土层，而用其他材料层代替。有时也可以将砌体建在现成地基之上（见第35页）。

地基类型

大多数砖墙以及烧烤炉和花坛等直立砌体都需要一个包含碎石垫层和混凝土层的高强度地基（如右图所示）。

庭院铺面和步道等铺装结构的地基可以是垫层与干燥的混凝土层，或者是垫层和其他材料组成的夯实土层。后者虽然不及混凝土层坚固稳定，但作为普通居家庭院铺面和步道的地基已绰绰有余，而且铺设起来也要省力得多。可以替代混凝土地基的土层组合有：垫层加砂石层；垫层加石碴层；以及垫层加石碴与砂土组成的混合土层。无论选用以上哪种地基组合，都要确保垫层、砂土层或石碴层经过夯实处理。如果地表土质松软、多砂或湿软，则最好还是选择垫层和混凝土层组合而成的地基。此外，如果施工地点不适合用平板夯进行土层夯实，也应该选择混凝土地基。饰边砖材或铺路块应在砂浆中嵌实，或在其外围建造凸缘作为支撑和固定。

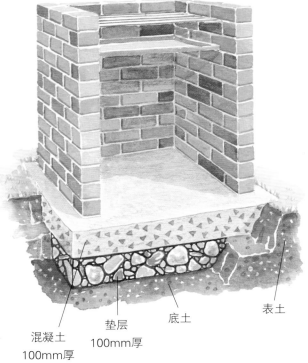

混凝土
100mm厚

垫层
100mm厚

底土

表土

土方回填：将土壤填入坑穴（通常为墙后坑穴或地基坑槽）以恢复坑面至理想水平高度。

上图　在给图中烧烤炉一类高大厚重的砌体铺设地基时，可在夯实垫层之上铺一层厚厚的混凝土板。

坚实地面

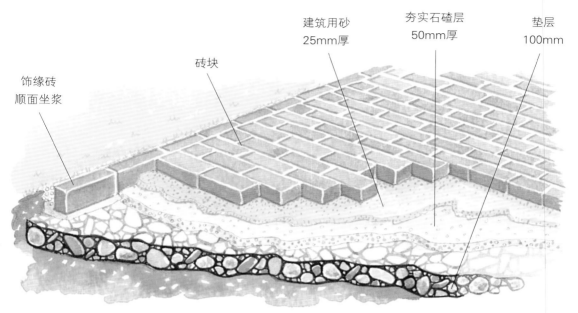

饰缘砖
顺面坐浆

砖块

建筑用砂
25mm厚

夯实石碴层
50mm厚

垫层
100mm

上图　在坚实且排水力良好的地面铺装庭院时，可以参考上图打造地基。如果庭院铺面面积很大，则需要使用平板夯来夯实地基土层。

软土地面

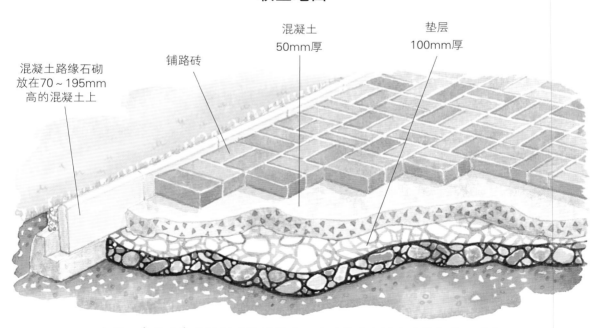

混凝土路缘石砌
放在70～195mm
高的混凝土上

铺路砖

混凝土
50mm厚

垫层
100mm厚

上图　在软土表面进行庭院铺装时，可以参考上图中地基组成。若铺装区域有流水，应将垫层厚度增至203mm。

测量、标划和挖掘

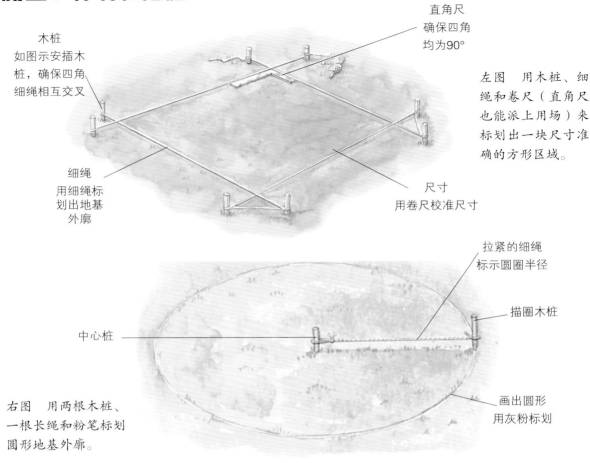

木桩
如图示安插木桩，确保四角细绳相互交叉

直角尺
确保四角均为90°

左图　用木桩、细绳和卷尺（直角尺也能派上用场）来标划出一块尺寸准确的方形区域。

细绳
用细绳标划出地基外廓

尺寸
用卷尺校准尺寸

拉紧的细绳
标示圆圈半径

描圈木桩

中心桩

画出圆形
用灰粉标划

右图　用两根木桩、一根长绳和粉笔标划圆形地基外廓。

标划：用细绳、木桩和卷尺通过不同的操作方式在地面标划出地基区域。标划也用于标记单一砖块以确定切割位置。

　　首先要确定地基的确切尺寸（庭院铺面的地基尺寸与完工后的庭院铺面相同，墙体地基则应比实际墙体要宽一些）以及准确深度。为确定地基深度，应先对工地进行现场勘查（如果地面有斜坡，可在坡面某处插一根木桩，标定出地基建好后的水平位置），然后画一张砌体的截面图（想象用刀将砌体从中间切开）来帮助计算需要挖掘的基坑深度。

　　用木桩、细绳和卷尺标划出一块方形区域。如果地基为L形或其他复杂多边形，应先将其拆分成若干个方形，再一一进行标划。为确保标划区域为标准方形，应先确保其对边等长，然后测量标划区域对角线，将两条对角线长度相加后除以2，便可以算出直角方形对角线应有的长度。调整四角木桩的位置以获得两条等长的对角线。

　　若需标划圆形地基外廓，可先在地面插一根木桩作为地基中心。然后找一根长绳，两端系圈（绳圈间距即为圆圈半径）。将绳索一端套在中心桩上，另一端套在用于描圈的木桩上，在地面划出一个圆形。之后用喷漆、灰粉或粉笔沿圆形进行标划。最后按照第22页内容进行地基的挖掘。

铺建地基

大多数地基的最底层都是碎砂石垫层。垫层中的砂石要用八角大锤打碎并夯实，形成坚实的基层。如果砌体为墙体或烧烤炉等直立型结构，那么地基的第二层通常为混凝土。一般情况下会用木框模板来协助混凝土层的摊铺和定型。在模板外壁钉若干木桩，将其穿透垫层插入到基底，确保各木桩插入深度一致，从而保证模板框架处在同一水平面上。模板的骨架上缘即为混凝土层的表面高度。混凝土摊铺完毕后，用一根长木棍刮掉其表面多余的混凝土并且将表面捣实整平。许多铺装工程的第二层地基都为砾石。砾石层上为砂土层。砂土层需夯实至略低于预计地基平面的厚度，最后摊铺散砂（若地基某边大于3m，需用额外木板将地基隔成若干小块，木板的高度应与地基预计高度一致）。

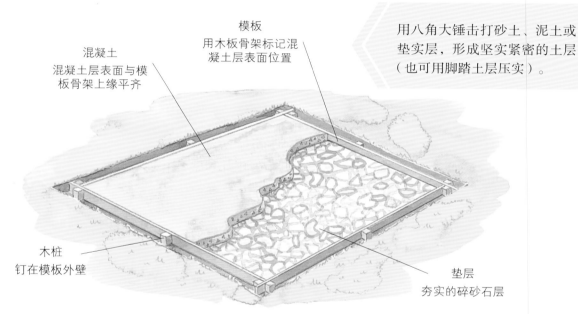

混凝土
混凝土层表面与模板骨架上缘平齐

模板
用木板骨架标记混凝土层表面位置

木桩
钉在模板外壁

垫层
夯实的碎砂石层

用八角大锤击打砂土、泥土或垫实层，形成坚实紧密的土层（也可用脚踏土层压实）。

上图　图中为表面与地面平齐的地基铺设示意图。地基铺设过程中使用木模框出混凝土层摊铺范围。

使用现成地基

如果待建砌体体积较小，有时可以将其建在现成的铺面区域。在动工之前，先掀开几块铺面建材（可能为砖块、混凝土块或混凝土板），检查铺面之下的地基状况。如果地基状况不佳，就将施工区域的铺面全部掀开，挖土重铺质量过关的地基，然后再将掀开的铺面复原。在确定铺面区域坚固稳定之后，检查地面是否水平。如果某处有细微不平，可在砌筑时向砌体底层砖块下填入一层砂浆校平。如果地面严重倾斜（以地基宽度为水平距离，垂直高度变化超过10mm），则需要在施工地面上方垫一层表面平整、厚度至少为40mm的混凝土板。

混凝土和砂浆

混凝土和砂浆是砌筑工程中最为重要的两种建材。混凝土用于地基铺设，砂浆则用于砖材黏合和砌体抹面。二者都是水泥粉等干物料与水搅拌而成的混合物。若想成功制得混凝土或砂浆，需要掌握各种原物料的准确配比，并加入适量的水。大多数情况下可以用铁锹来测量干料用量。

关于混凝土和砂浆

刚混合好的砂浆或者混凝土可能会让你对它们的功用产生质疑，但是这些混合物会在一晚之内凝固，并且在接下来的几天里慢慢增加强度。砂浆应为绵柔的黄油般质地，这样才能够方便切取，也能够更好地黏着在砖体表面，不会溢出或流下。砂浆上砖后的具体稠度会根据不同砖块的吸收力以及当日天气的潮湿度而有所变化。混制砂浆与烘焙一个完美的面包异曲同工，既需要一字一句谨遵配方，又要灵活机动，根据不同的使用需求作出相应调整。如果气候干燥，就可以给砖块和砂浆喷上一层密的水雾加湿。

混凝土和砂浆的制作

如果混制过程水泥灰用量超过25kg，则建议使用混凝土搅拌机进行搅拌。

在手推车中进行搅拌

1. 用铁锹测量各干物料的用量，并将其盛入手推车中：先放砂土或石碴，再放水泥粉。继续铲料直到达到所需用量为止（或达到半车容量）。盛好物料后，将其充分翻拌数次，确保各物料混合均匀。

2. 向手推车料斗一端倒入1/3桶水，然后向水中拨入少量干物料。重复此操作数次，直到所有水分都被干物料吸收。

3. 将上一步中的混合物翻拌数次，每次翻拌时加入一点水，待混合物能够被切成整齐湿润的片状时停止翻拌。

搅拌
将干物料拨进水中

上图　在手推车料斗中混制砂浆十分简单方便。在使用后要记得清洗手推车。

在拌灰板上搅拌

1. 用铁锹测量各干物料用量并将其铲到一块板材上：先放入砂土或石碴，再放入水泥灰。翻拌干物料至混合物颜色均匀。

硬化时间： 混凝土或砂浆达到坚固且稳定状态所需要的时间。"半硬化"表示混凝土或砂浆已形成一定强度，可以承受少量重物。

2. 在料堆中央挖一个坑，并向其中倒入半桶水。之后从料堆边缘向水坑中分次拨入少量干料。如果水坑中的水有要溢出的趋势，那么迅速放入更多干料防止水流出。

3. 待坑中水分被吸干之后，再次添水，直到混凝土或砂浆达到理想的稠度为止。最终搅拌好的混合物应该能被切成整齐且稳固的片状，并且可以直立于平面不会坍落。

警告

水泥和石灰粉都具有腐蚀性，能够严重灼伤皮肤。因此，在操作过程中需要全程佩戴护目镜以及手套，并且应在混制完成后洗手。

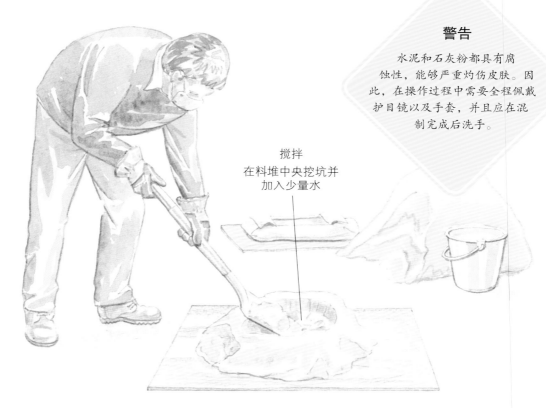

搅拌
在料堆中央挖坑并
加入少量水

上图　在板材上进行搅拌时，将料堆边缘的干料拨入中央的水坑。尽量不要让水流出。

捣实： 用木棍夯实湿混凝土并将其表面整平。

刮平： 用金属、塑料或木质抹具将多余的湿混凝土或砂浆刮掉，形成光滑且平整的表面。

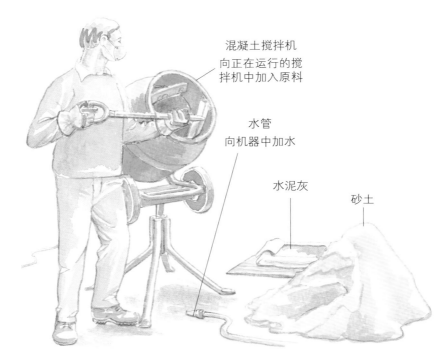

上图　用铁锹测量干物料用量，如1满锹水泥粉（1份）配4满锹（4份）砂土。

用混凝土搅拌机混制

　　按照机器使用说明进行操作，在插头和插座之间使用两端接线式接地故障电路断路器。用铁锹测量砂土或石碴用量，启动搅拌机，然后立即将干物料投入拌筒中。切勿超量投料：小型搅拌机的拌筒大约可以盛装10～12满锹物料（包括水泥灰在内）。在其他物料投入完毕后，向料筒中加入水泥灰。继续搅拌几分钟，待所有物料都混合均匀后，开始向拌筒中多次少量加水，直到混合物达到理想的稠度。

混凝土和砂浆的处理与运输

　　少量混凝土和砂浆用水桶搬运最为合适，但如果量较大，则需使用手推车。盛装时要确保料堆均匀分布在料斗中。将混凝土或砂浆分成两个半桶进行搬运要比提着满满一桶更为轻松省力。用手推车也是一样的道理：与其推运一满车的砂浆或混凝土，以至于稍有颠簸便会倾洒飞溅，倒不如将其分两次运输来得轻松自在。

天气影响

　　混凝土和砂浆需要一段时间才能够充分硬化（见第37页），且硬化时间越久越好。如果气候不够凉爽湿润，则要对混凝土和砂浆施以一定程度的养护。如果刚建好一面墙就遇到炎热天气，导致砂浆以肉眼可见的速度风干，则需用湿报纸盖住墙面。若新铺混凝土层受日光曝晒，应用浸湿的粗麻布将其盖住，并在接下来的1～2天内定时喷水。如果夜间有霜寒，则应用干燥的粗麻布、多层报纸或塑料布将混凝土或砂浆覆盖住。如遇强降雨，用塑料布盖住混凝土和砂浆以免淋雨。

混凝土和砂浆配合比

　　此处介绍的原料配比均以体积为标准（由于不同材料的单位体积重量也不同，而且砂土和石碴在湿润时更重，因此在具体工程案例中会给出所需材料的重量作为采购指南）。不同原材料用相同测量单位（例如以"锹"为单位）测量后的单位体积称为"份"。"份"主要用来体现不同原材料之间的比例。因此，如果配方中提到"1份水泥和4份砂土"，就表示需要铲1满锹水泥和4满锹砂土，或者2满锹水泥配8满锹砂土，具体视混合量而定。混凝土和砂浆的原料配比多种多样，最推荐如下的配比方案。

地基用混凝土

1份水泥　　　　　　　4份石碴

　　将1份水泥灰与4份石碴充分混合在一起，然后加水搅拌至混合物质地如同黏稠的土豆泥。配方中的4份石碴可以用2份粗砂加3份骨料来代替（这样做可以帮助消耗已经批发到手的原料，也省去了单独订购石碴的麻烦）。

铺面地基用干性混凝土

　　原料配比与上述相同，但是加水量要显著减少，只需将所有原材料浸湿即可。搅拌好的混合物会吸收空气中的水分，在接下来的几天内凝固。

砌筑和勾缝用砂浆

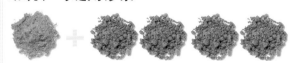

1份水泥　　　　　　4份建筑用砂

　　将1份水泥灰与4份软砂充分混合在一起，然后加水搅拌，直到混合物成为土豆泥质地。若工地处于强风强降雨的露天场所，通常会使用1份水泥灰配3份砂土来制作砂浆，防止风雨侵蚀。

铺面勾缝用干性砂浆

　　原料配比与上述相同，但是加水量要显著减少，具体原则与铺面用干性混凝土相同。

切割砖材、石材及混凝土

通常来讲，砌砖技艺是否娴熟主要体现在能否尽量一刀不切地将砖块堆砌起来，充分做到物尽其用。如果不得不进行切割，那一定要保证下手精准。大多数情况下，需要用到手锤和修砖錾将砖块切成一半或四分之一块。如果要对混凝土板或瓦片进行切割，可能需要用到电动角磨机。黏土瓦片则可以用重型瓷砖切割机进行切割。

切割砖块

用砌砖刀和石匠锤对砖块进行切割

最基本的切砖操作是使用砌砖刀进行切割：用一只手固定住砖块，然后用砌砖刀的边缘用力劈向砖面。如果运气好的话，砖块会在击打后断成两半。如果未能成功，将砖块翻面，重复上述操作。

使用石匠锤切割砖材时，首先用一只手固定住砖块，将废料一端朝外；然后用石匠锤的錾头将砖块多余的部分削凿掉，一直到接近标记处停止。削凿过程要循序渐进，一点一点地接近切割线标记处。

如何避免切割过多砖材

- 提前规划好步道或墙体等建筑结构的长度和宽度，确保其恰好可以由整数块砖材砌成。
- 如果砌筑中用到混合的建材，比如砖块和瓦片，或砖块和混凝土板，要确定不同建材的单位尺寸可以互相换算。
- 若无特殊情况，不要在同一砌体中混合使用美制砖和公制砖。
- 尽量选择无需切砖即可实现的砌式。
- 尽量选择平面图呈直线形的结构进行砌筑，避免砌筑平面图为三角形或六边形的结构。
- 如果想要使用通过切砖才能实现的砌式，那么尽量选择只需将砖切成一半的砌式。

削凿： 用砌砖刀边缘或石匠锤的錾头一小块一小块地将已断裂砖块参差不齐的一端整平至切割线。

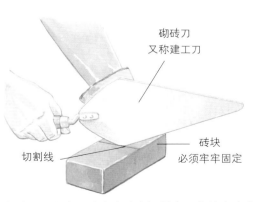

砌砖刀
又称建工刀

切割线

砖块
必须牢牢固定

上图　用砌砖刀的边缘对准切割线用力敲击砖体，使其碎成两半。

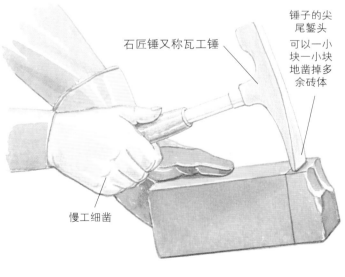

锤子的尖尾錾头可以一小块一小块地凿掉多余砖体

石匠锤又称瓦工锤

慢工细凿

上图　通过凿的方式一点一点将多余的砖体处理掉，直到达到切割线处为止。

用修砖錾切割砖块

如果想要更精准地切割砖块，可以使用手锤和修砖錾进行操作。这种方法在小型砌筑项目中最为常见。将砖块放置于旧地毯或草坪等较柔软的平面上，为强力锤击提供缓冲。佩戴护目镜和厚皮革手套。一手持修砖錾，另一手握砌砖用手锤，然后将修砖錾的凿头对准切割线压紧，保持凿体与砖面垂直。最后，将手锤对准修砖錾钉帽，用力一锤，此时砖块应该就会断成两半。在操作之前，可以先用旧砖块进行练习。

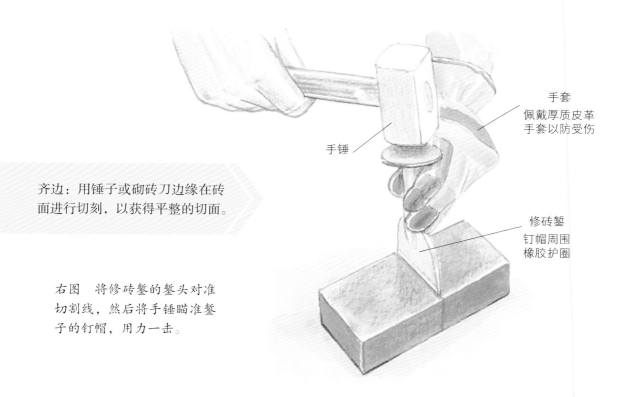

齐边：用锤子或砌砖刀边缘在砖面进行切刻，以获得平整的切面。

右图　将修砖錾的錾头对准切割线，然后将手锤瞄准錾子的钉帽，用力一击。

手锤

手套
佩戴厚质皮革手套以防受伤

修砖錾
钉帽周围橡胶护圈

用机器切割砖块

操作机器存在潜在风险，要严格遵守厂家提供的使用说明，并且在操作过程中时刻佩戴护目镜、防尘面罩和手套。除此之外，也建议佩戴隔音耳罩并着厚质工作靴。适合切砖的机器有很多：

- 装有切石锯片的角磨机（见第24页）。
- 切砖机：如需使用切砖机进行切割，先在切割位置做一个标记，然后将砖块置于操作台上，台面上方有类似錾头的刀片。放置好砖块后，将压杆拉下进行切割。
- 装有切石锯片的圆盘切割机（圆盘切割机形似大型的角磨机）。圆盘切割机的使用方法请参考第43页角磨机使用说明。
- 装有砖石锯片的圆锯（手持电动工具），与角磨机用法相同。
- 石工用锯。使用石工用锯时，现将机器置于水平面，然后将砖块放在操作台上，将砖块切割线与标志线对齐，然后将拉杆拉下，牵动锯片进行切割。

切割瓦片、石材和混凝土

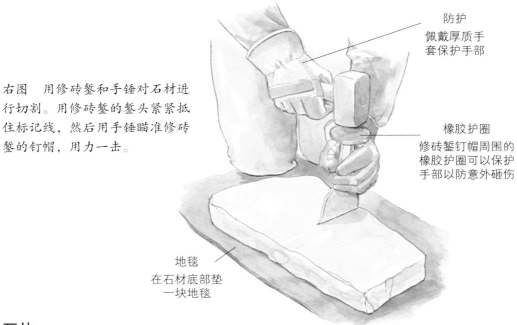

右图 用修砖錾和手锤对石材进行切割。用修砖錾的錾头紧紧抵住标记线，然后用手锤瞄准修砖錾的钉帽，用力一击。

防护
佩戴厚质手套保护手部

橡胶护圈
修砖錾钉帽周围的橡胶护圈可以保护手部以防意外砸伤

地毯
在石材底部垫一块地毯

瓦片

切割屋面瓦和缸砖等黏土瓦片最好使用优质重型瓷砖切割机。将瓦片端面紧紧靠在机器底板的挡块上，使切割线与机器手柄对齐，然后将手柄向前推，使刀轮与瓦片表面接触。向后拉手柄，使刀轮沿瓦片表面划出一条长长的刻痕。将手柄用力下压，瓦片便会沿划线裂成两半。每次切割之后要将碎渣清除干净。

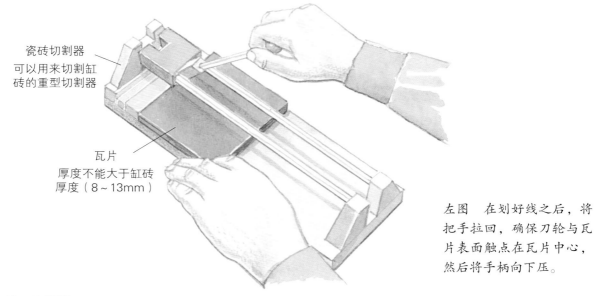

瓷砖切割器
可以用来切割缸砖的重型切割器

瓦片
厚度不能大于缸砖厚度（8~13mm）

左图 在划好线之后，将把手拉回，确保刀轮与瓦片表面触点在瓦片中心，然后将手柄向下压。

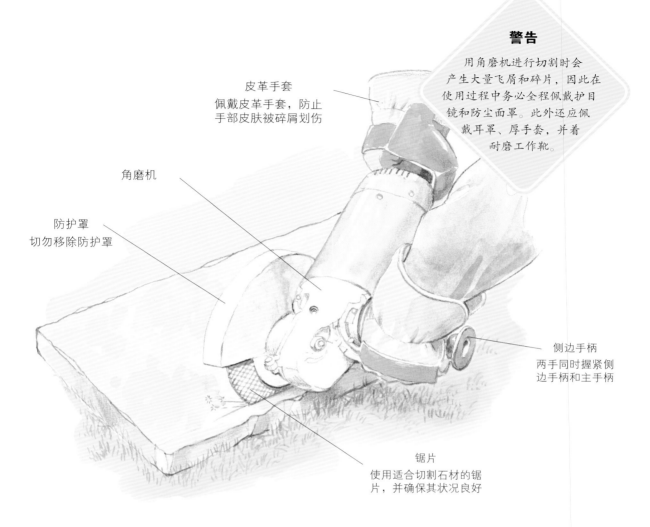

警告

用角磨机进行切割时会
产生大量飞屑和碎片，因此在
使用过程中务必全程佩戴护目
镜和防尘面罩。此外还应佩
戴耳罩、厚手套，并着
耐磨工作靴。

角磨机

防护罩
切勿移除防护罩

侧边手柄
两手同时握紧侧
边手柄和主手柄

锯片
使用适合切割石材的锯
片，并确保其状况良好

上图　两手握紧角磨机手柄，尽量站在离切割线较远的位
置。沿切割线多次重复轻切出一道槽。

用角磨机切割石材及混凝土

　　将板材平放于草坪上，用卷尺和粉笔画出
切割线。戴好护目镜、防尘面罩、隔音耳罩及
手套。握紧角磨机并调整好锯片与板材之间的
切割角度。一切准备就绪后，打开机器开关，
将转动的锯片轻轻接触板材并沿切割线缓慢向
前移动。重复此操作数次以使切口更深，然后
切断电源并将板材翻至另一面。重新打开电
源，在翻过来的一面重复上述切割操作至板材
断成两块。在切割过程中请确保人身及电线远
离锯片。操作过程中请全程使用断路器。

砖石砌筑

只要前期准备工作充分得当，砌砖完全可以成为一项让人气定神闲的疗愈系活动。所有的砖块都摆在触手可及的位置，砂浆也搅拌完毕随时可用，施工的节奏才不会被打乱。独自完成砌砖工作绝非难事，但如果能够找到一个乐意为你堆砖或者搅拌砂浆的得力帮手，亦是锦上添花之乐事。

砖层规划

墙体及箱型结构

如果想要砌一面墙，那么在规划砖层时要在每块砖之间预留出10mm左右的灰缝宽度，然后沿直线试摆干砖，找到最贴合测量尺寸的摆法（若建箱型结构，则需测量相邻边长，然后重复上述操作）。在底部第一层砖上再组砌第二层砖，并确保两层砖的竖缝交错排列。按照这种方式，可以做到在不切割砖块的情况下设计出整个建筑体的砌筑方式。

分层铺设：砌砖的步骤之一，以砂浆为底层，在其上铺设若干砖块，形成一个砖层（水平方向的一层砖块）。

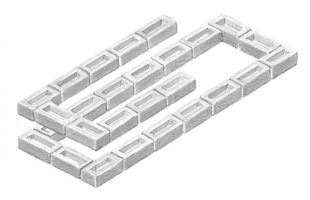

上图　在组砌箱型结构时，先规划出底部两层的砖层铺设。

圆形、弧形及拱形结构

假设现在要砌筑一个半径为1m左右的圆形或弧形结构，那么首先要做的就是找到两根木桩，并且在二者之间系一根1m长的绳子。将其中一根木桩插入地面，用另一根木桩在地上描出一个圆形（见第34页），然后沿着画出的圆周摆上砖块（干砖）。等一圈都摆好砖块之后，调整砖块间隙，使所有砖块都能恰到好处地拼合在圆周内（也可先在等比例图纸中规划好砖块的拼合）。在组砌这种带弧度的结构时，可能需要用到半砖，也可能要将砖块顺面朝下进行组砌。如果想要砌筑拱形结构，则应在正式开工前在地面用干砖摆样，以免施工时出错。

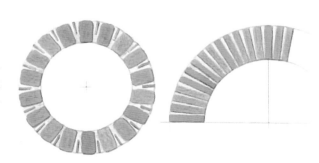

上图　半砖搭配瓦片（左图），顺面朝外铺设拱形（右图）

基本步骤

右图 将砖块小心坐入砂浆层，并用砌砖刀刀柄敲打砖块将其校平。

坐浆：先铺一层湿润的砂浆，然后在其上压入砖块并校平。

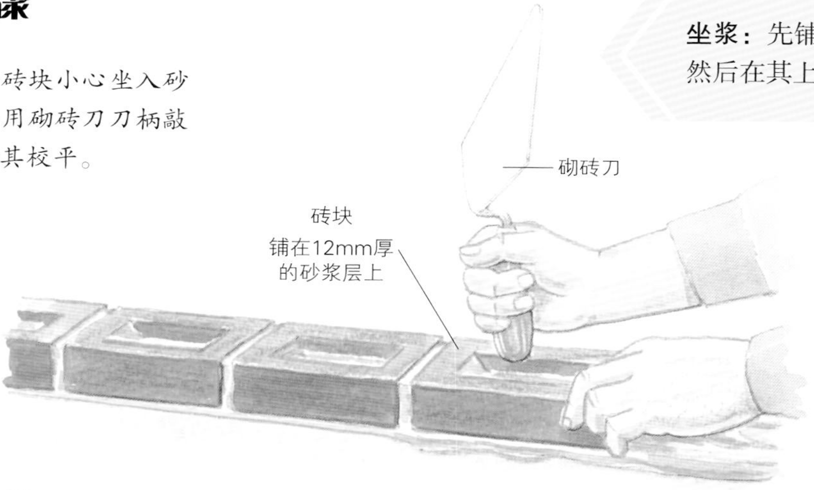

砌砖刀

砖块
铺在12mm厚的砂浆层上

确定墙身边线

若想确定墙身边线，先在混凝土地基四角各插一根木桩。找一根细绳，并用粉笔涂画绳身（也可将绳子穿过装满石灰粉的料盒）。然后将细绳在各木桩之间高出地面几毫米的位置拉开。将绳子系牢并绷紧，使其与地面平齐。确认细绳位置即为墙体底层砖位置后，将细绳提起再放手，使其弹到混凝土表面，留下一条石灰标线（或者使用撒灰拉线器进行划线。撒灰拉线器带有一个可填装石灰粉的料盒。在用撒灰拉线器拉线时，料盒中的石灰粉也会一并带出，在平面上划出一条标线）。

右图 砂浆的铺法多种多样，图中只是其中一种适合初学者的方法。

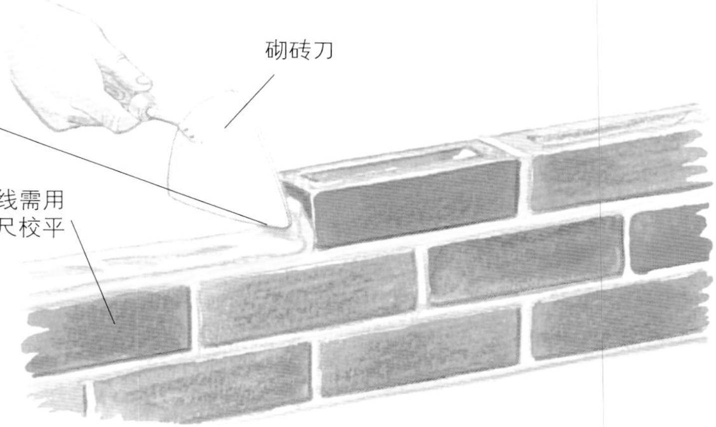

砂浆
将多余砂浆挤出或抹到砖块端面

砌砖刀

砌合线需用水准尺校平

抹灰浆： 将砖块坐入砂浆层之前，先用砌砖刀将一部分砖块涂上一层湿砂浆。

摊铺砂浆

先沿直线摊铺一层长30cm、厚12mm的砂浆，然后用砌砖刀的刀尖在其表面从头到尾划一凹痕。砌放第一块砖，用砌砖刀刀柄敲打砖体，将多余砂浆挤出，并保留一条10mm左右的灰缝。用砌砖刀的刀尖将残余的砂浆刮到砖块的端面，形成竖直灰缝，然后砌第二块砖。如此反复操作至该层最后一块砖组砌完成。每砌好一层砖，都要检查其高度是否准确，并用水准尺进行横向、纵向以及对角校平，确保所有的砖块都排列整齐（见第20页）。

其他技巧

如果在砌墙的过程中很难保证每条灰缝都有相同的宽度，可以用皮数杆来协助校准。皮数杆是一根木条，其上交替刻有65mm和10mm两种刻度，分别为砖块厚度（高度）和灰缝厚度。砌筑时，将皮数杆靠墙而立，一边砌墙一边比对刻度检查灰缝宽度是否合格，并适时添加砂浆或加大力度敲击砖面以进行调整。

千万别觉得偶尔的小失误无伤大雅，并不会对成品的质量造成影响。在砌筑过程中至关重要的一点就是要保证每一步操作都维持在统一水准上，确保每一块砖都做到排列整齐、位置准确。

使用长臂圆规

在砌筑圆形或圆弧建筑结构时，可以使用长臂圆规作为协助。长臂圆规通常由一根长木条（圆规臂）、一块厚度与砖块相同的木块（圆规支撑块）以及一块胶合板（基座）三部分组成。支撑块位于基座之上，并在四周围有砖块作为固定。用钉子将圆规臂与圆规支撑块固定在一起，并以其为轴心进行转动。组砌砖块时应确保每块砖都对准轴心，与轴心距离以圆规臂末端刚好扫到砖块为准。可以在圆规臂上固定一个U形部件来协助确定圆周砖块位置。圆周砖块应与圆规臂远端垂直放置。不同长臂圆规的结构可能也略有区别。

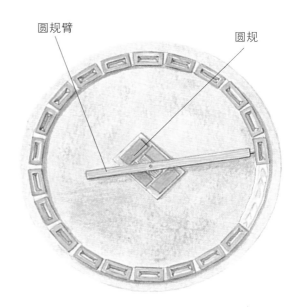

圆规臂　　　　　　　　圆规

上图　可以视需要在圆规臂末端钉一枚钉子作为圆规的指针。

浸砖：在铺砖之前先将砖块浸湿，再将其坐入砂浆中。

避免以下操作：

- 天气炎热时请勿使用干燥的砖块，而应先将其浸湿，防止干砖吸收砂浆里的水。
- 当残余砂浆从砖缝溢流出时，不要立即将其刮下，以免给砖面留下污渍。最好等到砖块充分吸收了砂浆中的水分之后，再用铲刀将多余砂浆刮掉。
- 请勿使用粗砂、污砂或干硬水泥来制作砂浆。应使用建筑用砂及新鲜水泥作为砂浆原料。
- 不要任由铲刀或水准尺上沾有的砂浆干掉，应该每半小时左右对工具进行清洗。

勾缝

勾缝是对灰缝进行最后的表面精整处理。勾缝有四种常见类型，分别为凹缝（键接）、凸缝、平缝、以及斜缝（风雨缝）。勾缝可以与砌筑工作同步进行（砂浆稀湿时不适用），也可以在墙体砌好后统一进行。

凹缝通常可以用圆头木棒、铲刀柄头或其他工具沿灰缝压出凹槽来实现。后院花园中旧砖砌成的墙最适合勾凹缝：在结束一天的砌筑工作后，用勾缝刀的刀尖迅速扫过灰缝，将其表面多余砂浆刮掉。凹缝最能衬托出乡村风花园墙壁的质朴与粗犷。

凸缝是通过在灰缝面抹砂浆而形成一道凸出墙面的线条。平缝则是指用勾缝刀边缘刮去灰缝面部分砂浆，使灰缝面与砖面平齐。斜缝是以某一角度刮掉灰缝中的砂浆而形成一个斜面向上的缝。

清缝：用勾缝刀将两砖层间灰缝中的部分砂浆刮出，使砖体边缘能够更清晰立体地露出。

凹缝

凸缝　　　　平缝

斜缝

勾缝：用勾缝刀、木棍或其他工具对灰缝表面进行最后的精整处理，达成想要的效果。

左图　砖块之间的缝隙需要用砂浆填充。用勾缝刀的边缘将砂浆送入砖缝中。缝隙两边都要抹砂浆，以打造凸出墙面的灰缝效果（凸缝）。

融合其他材料

在过去，砖墙通常没有统一的规格外形：砌墙砖的厚度各有不同，灰缝也比现在要宽得多。有些地区会将小石子或碎瓦片嵌在宽厚的灰缝中加以装饰。彼时，人们不会费力切割砖块或将其磨成某一形状来贴合拱形结构，取而代之的是使用屋面瓦或旧缸砖来填补砖块之间的空隙。在某些沿海地区，人们常常会将贝壳嵌入灰缝表面作为装饰。有些工人还会在砌体中融入一些形状经过特殊处理的砖材。

砌式及花纹

砌筑墙壁或铺装庭院时砖块的排列方式称为砌式。砌筑一面坚固墙壁的秘诀就在于相邻两砖层间的竖缝——只有错缝砌筑才能保证墙体稳固。如果出现竖向通缝的情况，砌体的结构完整性就会受到破坏。很多传统砌式都可以实现错缝砌筑。可以多多观察邻里建筑寻找砌式灵感。

墙体和其他结构的基本砌式

砌筑工艺中有三种主要砌式，分别为顺砖砌式、丁顺隔皮（层）砌式（英国式砌合），以及梅花丁砌式（荷兰式砌合）。采用顺砖砌式时，每层砖都以砖块的顺面作为立面。此砌式只适合建造厚度为102.5mm的墙体（半砖墙）。采用顺砖砌式时，上下皮砖块左右搭接半砖长。如果你只想建造一个低矮的结构体，或者想砌一面空心墙，那么顺砖砌式是非常理想的选择。在丁顺隔皮砌式的建筑体中，一皮顺砖、一皮丁砖（端面朝外的砖，见第27页）相互间隔叠砌。丁砖砌层中的每块砖都位于下一皮顺砖的中间。

采用梅花丁砌式建造的砌体每皮砖顺丁交错排列，且每皮砖的丁砖都位于下一皮顺砖的中间。下图中还展示了一些较为少见的砌式图样。

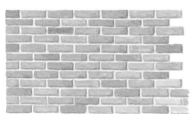
顺砖砌式

丁顺隔皮砌式

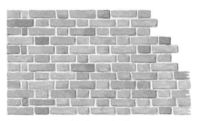
梅花丁砌式

特殊砌式

三顺一丁砌式（英式园墙砌合）

丁砖砌式

每皮三顺一丁砌式（荷兰式围墙砌合）

蜂窝砌式

花纹

墙面花纹

砌筑时可以用不同颜色的砖块在砌体表面创造花纹，如传统的英式菱形花纹（用彩色砖、凸出砖或凹进砖拼出菱形或方形等重复的几何图案铺满砌体表面的装饰手段）。另外，还可以通过改变砖块的排列方式来组合不同的花纹：单独用砖块即可排列出人字形等面饰，也可将砖块与瓦片结合拼砌出不同花纹。

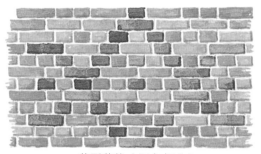

菱形花纹（深色部分）

菱形花纹（浅色部分）

庭院及步道铺面花纹

庭院铺面与步道花纹的打造方法与墙面类似，都是通过改变砖材颜色和排列而实现的。铺装工程与墙体砌筑不同，无需担心结构完整性问题，因此可以在铺装时加入石材或贝壳等其他装饰材料一起组合花纹。此外，还可通过改变砖材厚度来创造花纹。

人字形扁带装饰层

斜形瓦片装饰层

砖墙及其他结构

随处可见的砖墙看似毫不稀奇，但如果你在闲庭信步时，能够多留意与砖墙搭配的圆拱、立柱或墩型结构，就会发现这些结构会让一面砖墙脱颖而出，成为集美观与实用于一体的独特建筑。最简单质朴的砖墙可能只有一砖之厚，两三层高，砌于现成的地基之上。若想砌筑这样一面墙，往往只需将砖块切割成符合理想长度的尺寸，然后将其砌放在预先摊铺好的砂浆层上即可。

砌筑砖墙

支承墩和扶壁

如果想要从无到有地砌筑一面超过三层高的独立式砖墙，首先需要铺设一个由夯实垫层和混凝土板组成的地基，并且每隔2m就要砌一个支承墩。如果砖墙为双砖厚度，那么除支承墩外便无需再建其他支撑结构。但如果为了节约成本而砌筑一砖厚的墙，那么除了支承墩之外还要沿墙每隔1m建造扶壁。

墙角和接合处

通过改变砖块组砌方向以及恰当的排列方式，可以在不改变现有砌式的情况下打造出墙角和接合处。通常情况下直角墙角和接合处最容易实现。

地面斜坡

如果斜坡较缓，可以在地面挖一道深沟，然后在地面以下铺盖一块混凝土板，再将砖墙砌筑在混凝土板之上。但如果斜面较陡，则需要在挖深沟之后先铺设阶梯形混凝土板（均在地面之下），并确保每层混凝土台阶厚度与砖块厚度相同（见下图）

弧面墙

如果墙面弧度较大，那么墙体砖块会互相轻微挤压，从而造成外墙竖缝张大，使砖块贴合墙体的弧面形状。但如果墙面弧度较小，那么最简单的砌筑方法就是像建造拱形结构一样使用半砖，或将砖块丁面朝下砌筑，打造立砌砖层。

压顶

压顶相当于给砖墙戴了一顶帽子，可以防止墙面被雨水淋湿，也可防止墙体将雨水吸收。另外，压顶还可作为墙体砌筑的最后修饰工艺，起到装饰的作用，让墙体外观更加赏心悦目。

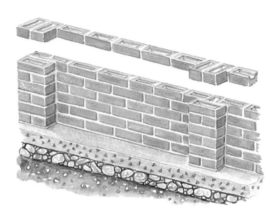

上图　单砖墙以及等距间隔的支承墩。

> 目测调准：用肉眼观测切面、灰缝或整体结构是否横平竖直。从墙体上方往下看，或沿墙面观察来判断其是否水平。

上图　建于斜坡之上的墙需要先打造一个阶梯形地基。

其他结构

箱形结构

提前规划砌式，使砖块在不经切割的情况下，既能构成箱形结构的立面，又能构成其拐角。

柱形结构

最简单的独立式立柱结构由横截面为矩形的矩形砖层垒砌而成，每砌一层要将砖块方向旋转90°，保证每层砖的立面为两块砖的丁面或一块砖的顺面组成（右图中左图）。但是，最坚固美观的立柱应如右图中右图所示，每层砖的立面都由一块砖的丁面和一块砖的顺面并排组成。

上图　最简单的双砖立柱，适用于较粗糙的工程项目。

上图　每层四块砖砌成的立柱，是优质工程的体现。

拱形结构

后院砌体的拱形结构最好选用半砖组砌，或将砖块沿墙体厚度方向排砌。以上两种砌砖方法都要求砖块的顺面或丁面朝向拱形结构的内侧。

上、下图　整砖顺面朝下砌筑拱形结构。

上图　单砖墙以及半砖拱。

庭院铺面、步道和台阶

　　庭院铺面、步道和台阶是我们日常生活中不可或缺的一部分。如果你想在自家后院建造这几种结构，恐怕找不到比砖材砌筑更合适的方法了。无论是后门外的一方庭院，还是穿过花园的一条小径，又或者是正门之下一两节装饰性台阶，砖材都可以帮你打造出理想的结构。旧砖更是具有一种独特的个性和迷人魅力。

铺装庭院和步道

庭院铺面

　　每个庭院铺面都需要建立在坚实的地基之上，这样才能避免下沉。另外，还需要在周围围砌一圈缘石，防止铺面下土体扩散。地基和缘石应该视土壤组成而调整、与铺面风格一致、能够承载建材整体重量，并且与铺面预期使用年限一样耐久。若土壤坚固、干燥且为石块质，则无需费心铺设过于复杂的地基；但如果土壤潮湿松软，则需要铺设含碎石垫层和混凝土层、且排水力良好的地基，并且需要在地基周围砌上缘石。

步道

　　由于步道的使用频率比庭院铺面高，因此需要铺设更深的地基，以及更耐久的缘石。随着步道的延伸，其两边的场地可能会有所变化（草坪、花坛等），因此步道的路缘结构也可能随之发生改变。

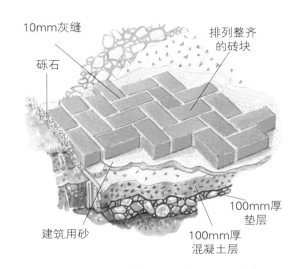

上图　模板尚未拆除的庭院铺面地基。

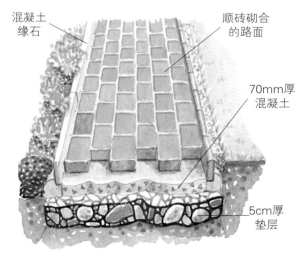

上图　额外铺有碎石垫层的步道地基。

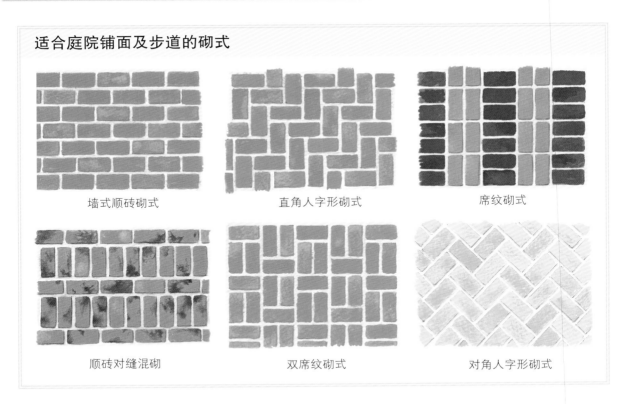

适合庭院铺面及步道的砌式

墙式顺砖砌式 　　　　　直角人字形砌式 　　　　　席纹砌式

顺砖对缝混砌 　　　　　双席纹砌式 　　　　　对角人字形砌式

建造台阶

花园台阶

台阶的高度（立面高度）以及宽度是非常重要的两个参数。通常情况下，台阶高度不应超过23cm，且不应低于60mm（通常以15cm较为适宜）。台阶踏步从前到后的宽度应在30~40cm之间。

若在坚固地面建单级台阶，只需用碎石垫层作为地基即可。若在软土地面建超过三级台阶，那么最底层台阶需要建在由13cm厚的夯实垫层及13cm厚的混凝土层所组成的坚固地基之上。

门阶的使用频率很高，因此需要一个坚固的地基。门阶地基应由100mm厚的夯实垫层以及100mm厚的混凝土层组成。

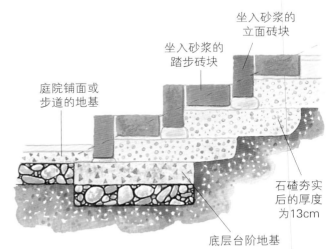

坐入砂浆的立面砖块

坐入砂浆的踏步砖块

庭院铺面或步道的地基

石碴夯实后的厚度为13cm

底层台阶地基
上层为13cm厚的混凝土
下层为13cm厚的夯实垫层

上图　如果想要打造格外坚固的台阶，可以为每一级台阶都铺设与底层台阶相同的地基（铺设地基时请勿使用石碴）。

饰面及维护

不用多久，那一堆砖、一丘砂和一包一包的水泥灰就会变为砖墙、庭院、步道或其他建筑。接下来，就是对这些砌体进行最后的饰面处理、清洁以及不定期维护。本节主要为你讲解如何进行这些操作。通过防止砖缝长草以及洞隙充填等操作，可以避免砖体受冻损坏。

已完工砌体的清理工作

上图　用钢丝刷沿砌体表面对角线斜向刷洗，避免刷掉灰缝中的砂浆。

基础清洁

如果在施工时多加小心，没有将砂浆喷溅或涂抹在砌体表面，就无需进行繁复的后续清洁工作。砌筑工作完成后将砌体静置一夜，待砂浆干掉之后，用木棍或钢丝刷将溅在砌体表面的砂浆清除干净。清整过程中应尽量关注砖面，避免触碰灰缝。

化学清洁

某些砖块可以用特殊的化学清洗剂进行喷洗或刷洗。只有当砖块厂商明确建议的情况下，才能对砌体使用化学清洁的方式，否则可能会对砖块造成损害。

盐渍及盐析现象

不同类型的砖块有时会在表面产生白色粉状物或"盐渍"。可以将这种盐渍留在表面、用刷子刷掉，也可用醋酸或化学清洁剂清除。铺路板块等人造石（混凝土）结构的表面有时会出现白色斑块，这是正常的现象，称为"盐析"。这种现象通常过段时间就会自动消失，但是也可以直接用特制清洁剂将其清除。

清洁时请避免以下操作

- 不要触碰还处于湿软状态的砂浆。
- 不要等到砂浆干硬时才进行清洁。
- 尽量不要清洗掉灰缝中的砂浆。
- 不要用金属工具刮划砖体表面。
- 清洗砖体时不要残留砂浆。
- 未经厂家建议的情况下，不得使用化学制剂对砖体进行清洁。

用钢丝刷刷洗：使用钢丝刷对砖体表面进行刷洗，清除掉干在墙体、庭院或步道铺面的砂浆。

砌体的保养与维护

一般来说，砖砌建筑几乎无需进行保养与维护，就可以历经数百年风霜洗礼而依旧坚固可靠。话虽如此，还是有一些问题时有发生。劣质砖块可能会塌碎；霜冻会对砖面造成损伤；砖体还可能开裂（开裂通常由勾缝不当造成，下文会介绍修复方法）。此外，若调配砂浆时各原料比例不准，可能导致砂浆很快受蚀；长久曝露于恶劣潮湿的环境中也会导致砂浆受蚀。

重新勾缝

重新勾缝是指替换灰缝中部分原有砂浆的操作。当灰缝中的原有砂浆受到侵蚀后，就需要对砌体进行重新勾缝。在补填新砂浆之前，需要先将受侵蚀的砂浆刮出或凿掉，形成12～15mm深的凹槽。重新勾缝时应先在一小块区域进行试验，确保新调砂浆的颜色与原灰缝相配。重新勾缝的工艺与正常勾缝相同（见第47页）。

更换砖块

首先要找到一块外形与原砖块相同的新砖，然后用修砖錾和手锤将旧砖块取出。用修砖錾凿撬时要小心，避免损坏周围砖块。取出旧砖后，将砖槽内壁所有的砂浆都清除干净，并扫掉粉尘碎屑。用水沾湿砖槽底面及侧壁，然后摊铺新的干硬砂浆。将砂浆铺抹在新砖顶层，然后小心将其推进砖槽。最后按照常规方法进行勾缝（见第47页）。

砌体加固

如果花园中的砌体已经出现结构损坏的迹象，则需要对其进行修缮。如果墙体顶端开始出现崩解痕迹，需要重新垒砌墙顶几层砖，并且加盖压顶砖作为保护。

如果砌体开裂或倾斜，说明地基正在塌陷。若问题看起来不是很严重，可以通过逐渐加入混凝土的方式对地基进行加固或托换，然后将砌体受损部分替换掉。如果砖墙看起来状况很糟糕，则需要直接将其拆毁。

第二部分：案例篇

花境砖缘

如果你的花境与草坪融为一体，可砌上一道简洁的砖缘，将其衬托得更加亮眼醒目。本节介绍的砖缘设计颇具传统英伦风，在萨塞克斯郡尤为常见。该设计选用外观雅致的手工砖并将其成排组砌，打造出一道装饰性十足的砖缘，将花土与草坪分隔开来。此砖缘外观靓丽，十分适合装点后院花园，还能为除草工作节省大量时间。

耗时

每砌5m砖缘需要一个周末的时间。

小贴士

该设计适用于直线形花境饰缘，但也可以用于弧度较缓的弧线花境（组砌之前先干砖摆样）

你会需要

案例尺寸：5m×27cm

材料

- 垫层：0.2m³
- 砖：85块
- 砂浆：1份（36kg）水泥和4份（144kg）砂土

工具

- 卷尺、木桩和细绳
- 挖土铲和四齿叉
- 手推车和水桶
- 八角大锤
- 铁锹和拌灰板；或使用混凝土搅拌机
- 砌砖刀
- 手锤
- 修砖錾

亮眼境"界"

该砖缘设计具有极强的实用性：平铺砖层与草坪处在同一水平面，使除草工作更轻松容易（同时也减轻了修边工序）。除草时，可将除草机一直沿砖缘上推，抵住锯齿形护土缘，同时轮子在平铺砖面摩擦。

动工之前，可以先在不同的设计方案之中斟酌挑选。首先，要考虑花园的整体风格，评估英伦风砖缘是否能够和谐融入整体景观。举个例子，如果你想追求更为时尚现代的风格，可以用一行黑砖搭配一行蓝色釉面砖来取代原本的设计。

该砖缘建造简单，几乎不会遇到困难。如果你是砌筑新手，该工程可谓是起步练手的理想之选。

花境砖缘截面细节图

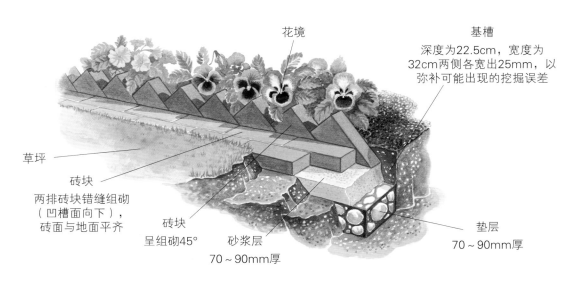

花境

基槽
深度为22.5cm，宽度为32cm两侧各宽出25mm，以弥补可能出现的挖掘误差

草坪

砖块
两排砖块错缝组砌（凹槽面向下），砖面与地面平齐

砖块
呈组砌45°

砂浆层
70～90mm厚

垫层
70～90mm厚

分步教程：建造花境砖缘

1 决定建造砖缘的地点（我们想要拓宽原有花境，但又不想对植物造成损伤）。用木桩和细绳标划出长度与花境相同、宽为32cm（该宽度允许挖掘时砖缘每侧可以有25mm的误差）的基槽。用挖土铲和四齿叉掘除标划区域的草皮，挖一个深度为22.5cm的基槽，然后将木桩和细绳拆除。

草皮
先将草皮掀除，可以考虑将其用在花园其他位置

挖掘
用浅铲将土挖出

细绳
保持两根细绳绷紧且互相平行

2 将垫层碎石摊铺在沟底，用大锤将大于半砖的碎石粉碎，然后再敲打垫层进行夯实。继续上述摊铺、打碎、夯实的操作，使垫层的最终厚度为70～90mm。清除所有凸出于垫层表面的碎石。

垫层
充分敲碎垫层并夯实至表面平整

手锤
利用手锤自
重无需施力

花境
砌上砖缘之
后，移除部
分草皮来拓
宽花境

校平
尽量使所有砖
块都处于同一
水平面（稍低
于草坪平面）

3 将基槽分为若干1m
长的区块，并用砌砖
刀在该区块内铺厚度为
70~90mm的砂浆。每次
摊铺砂浆的长度不要超
过1m。在砂浆层上错缝
砌放两排砖块（凹槽面
向下），用手锤柄敲击
砖块表面，使砖面与地
面平齐。必要时用手锤
和修砖錾将砖切割成一
半。

定位砖
以砖块宽度
校准砖缘锯
齿的深度

4 将需要斜角组砌的砖
块小心摆好，然后敲
打砖块表面，使其在砂
浆中坐实。斜角以45°
为宜。另取一块砖作为
定位砖来统一斜角砖压
浆深度（如左图示）；
也可在敲击砖块进行压
浆的同时进行目测，观
察各砖块是否处于同一
高度。每完成1m砖缘的
组砌后都要进行表面清
整，然后重复上述操作
至完工。

小诀窍

在排砌6块左右斜角砖
之后，退后一段距离检查这些砖
块是否都为45°倾斜排列，以
及坐浆深度是否一致。若发现
不标准的砖块，将其拔出，添
加一些砂浆，然后调整其位置
重新砌放。

乡村风步道

若想为花园增添一些赏心悦目的色彩或花纹，传统的乡村风红砖步道是你最为理想的选择。乡村风步道的设计概念十分简单明了：你只需搜集大量的砖块——年头越久、磨损痕迹越明显越好——然后将它们以三砖席纹砌式铺砌起来，就大功告成了。

耗时

每铺装4m步道需要4天时间。

小贴士

也许你更喜欢其他砌式，可以参考第49页寻找更多灵感。

你会需要

案例尺寸：4m×69cm

材料

- 砖：186块
- 垫层：0.25m³
- 石碴：250kg
- 砂土：250kg
- 砂浆：1份（15kg）水泥和4份（60kg）砂土
- 模板木材：80×40mm的木板若干，总长为8m
- 木桩：6根（最少），30cm×35mm×20mm
- 刮板：1片，69cm×11.5cm×20mm；1片，79.5cm×35mm×20mm
- 钉子：6枚（最少）50mm长（模板用）；2枚，35mm长（刮板用）

工具

- 卷尺、木桩和细绳手锤
- 挖土铲和四齿叉
- 手推车和水桶
- 八角大锤
- 通用手板锯
- 羊角锤
- 平板夯
- 铁锹和拌灰板或使用混凝土搅拌机
- 砌砖刀
- 园艺耙
- 扫帚

另"铺"蹊径

美丽的花园里常能看到花纹各异的红砖小径。色调柔暖的黏土砖拼砌出小巧精致的花纹，与朦胧夏日的绿树鲜花交相辉映，优美异常。

不同的砖色组合与砌式排列中蕴藏着无尽的设计灵感。本节所介绍的这条席纹步道很适合建在传统的乡村风花园中。其铺装技巧也可沿用到很多其他的设计风格中。该设计非常适合使用频率不高的步道，而且宽度恰好可以通过一辆手推车。如果想铺一条更宽的步道，可以先选定一种铺面纹样。不同的砌式纹样也就决定了不同的步道宽度（尽量避免切割砖块）。砖路铺装无需挖掘太深的地基，因此不用担心在挖掘过程中会暴露房屋与庭院之间的管道线路。但为了安全，在为步道选择施工地点时依旧要采取常规的检查措施。检查施工地点是否埋有地下管线（天然气管道、总水管、排水管、供油管道等），尽量避免在地下管道附近施工。

乡村风步道剖面细节图

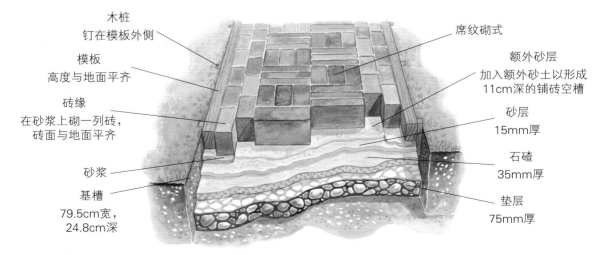

木桩
钉在模板外侧

模板
高度与地面平齐

砖缘
在砂浆上砌一列砖，砖面与地面平齐

砂浆

基槽
79.5cm宽，24.8cm深

席纹砌式

额外砂层
加入额外砂土以形成11cm深的铺砖空槽

砂层
15mm厚

石碴
35mm厚

垫层
75mm厚

分步教程：铺装乡村风步道

垫层
将垫层中石块敲碎并夯实

大锤
选择使用起来不费力的的大锤

刮板
用刮板摊铺并校平石碴层

步道宽度
模板之间的距离应为69cm

木桩
固定在模板外侧

1 首先要规划步道铺装区域，然后用卷尺、手锤、木桩和细绳标划出一块长度自定、宽为79.5cm的区域。将该区域的草皮清除干净，并用挖土铲和四齿叉挖一个深度为24.8cm的基槽。将垫层碎石摊铺在槽底，用大锤将其中较大的石块敲碎，然后再进行夯实，形成一个厚度为75mm的垫层。

2 在模板外壁钉上木桩，然后将模板嵌入挖好的基槽中，确保两侧模板都与地面平齐。先在模板框内找一小块区域，按照选择好的砌式摆砖样，检查砖块是否可恰好填满模板区域。在模板框内摊铺薄薄的一层石碴，厚度稍稍超过模板底部即可。然后用平板夯夯实石碴，形成厚度为35mm的石碴层。制作木刮板，将多余的石碴刮除。

砂浆
刮掉多余砂

砖缘
砖面与模板边缘齐

3 在石碴层上摊铺一层干硬砂浆，紧贴模板两壁各砌放一列砖块（顺面坐浆）。相邻砖块之间不要留有缝隙。敲打砖块表面使其与模板边缘平齐，然后用铲刀将砖块底部挤压出的多余砂浆刮净。

刮板
重新切割刮板，使其能够贴合新摊铺的15mm厚砂层

操作刮板
轻柔地一边敲振一边拖曳

深度
测量空槽深度，确保其为11cm

4 待上一步的砂浆层凝固之后，在其上摊铺一层砂土，然后用平板夯将其压实为15mm。尽量避免震到或撞到两侧的砖块。继续摊铺砂土，并且重新切割刮板，使其能够恰好搭卡在边缘砖块表面。刮掉砂层表面多余的砂土，得到深度约为11cm的空槽，以便填砌其余砖块。

尺寸和颜色
用不同的砖块进行试摆，找到最美观的色彩搭配和最贴合的排砌方式

5 将砖块顺面朝上，以席纹砌式铺砌。过程中不要踩踏砂层。从步道的一头开始沿路作业，并偶尔后退，检验铺装成果。所有砖块都铺砌完成之后，用扫帚将砖面砂土扫进砖缝。在平板夯上安装一块衬垫（或地毯），然后在砖面上压过，进行夯实。

小诀窍

由于砖块的比例设计考虑到了砌筑时的灰缝宽度，因此在用其铺路时，步道两侧及两端的砖块缝隙可能大小不一。在铺装时要尽可能地均匀排放砖块，以减轻影响。

抬高式人字纹庭院

庭院铺面的奇妙之处在于它能够立刻吸引人们的目光，成为全场的焦点，同时又能大大提升花园的功能性。庭院是户外烤肉的好场所，也是家庭聚餐的好去处，同时也能为儿童玩耍提供安全的环境。如果你是一个爱拼拼图的人，一定会从人字形庭院铺面的铺装过程中找到无限乐趣。

🕐 **耗时**

准备和铺设地基需要3天，庭院铺装需要1天。

小贴士

与平面庭院相比，抬高式庭院所需的挖掘和移土工作较少。

你会需要

案例尺寸：3.02m×3.02m

 材料

- 砖：挡土墙需104块；庭院铺面需351块
- 垫层：0.75m³
- 石碴：1t
- 砂土：1t
- 砂浆：1份（20kg）水泥和4份（80kg）砂土
- 木刮板：1片，3m×15cm×20mm

 工具

- 卷尺、木桩和细绳
- 手锤
- 挖土铲和四齿叉
- 手推车和水桶
- 铁锹和拌灰板或使用混凝土搅拌机
- 大锤
- 砌砖刀和勾缝刀水准尺
- 平板夯
- 园艺耙
- 修砖錾
- 扫帚

有"纹"可循

如果你的院子面积较小，且偏向现代风，可以对案例设计进行调整修改，比如用石头拼一些对比强烈的Z字形花纹，或在铺面嵌入木板或纹理感十足的金属，使整体风格更为粗犷大气。不同的砌式花纹也可以创造风格迥异的视觉效果（见第49页和第53页），但有些砌式需要切割大量砖块才能实现，会大大增加庭院铺装的时间成本。本节主要介绍一种铺装在挡土墙内侧的抬高式庭院。与平面庭院相比，抬高设计省去了大量挖土运土等操作。因此，如果想减轻施工负担，该设计是非常合适的选择。话虽如此，还是要时刻提醒自己，由于庭院占地面积普遍较大，因此任何庭院铺装都是费时、费力、费钱的大工程。所以，要尽量节省成本为庭院选购优质砖材，并且空出几个周末进行施工，还可以援请他人协助。

在现场勘察时，要考虑铺面高度与现有门道、台阶及步道的配合。如果铺面与房屋相连，则不要盖住空心砖（房屋墙体底部附近多孔砖）。同时，庭院铺面应比房屋防潮层矮至少15cm。此外还有一点最为重要，即庭院铺面需要以房屋地基为最高点形成下坡，每2m水平距离应垂直下降25mm。

抬高式人字纹庭院剖面细节图

松砂土
13mm厚

砂土
30mm厚

石碴
50mm厚

中央区域
挖一个深度为
15cm的基坑

砖块
凹槽面朝下呈
人字纹铺装

挡土墙
双层砂浆砌砖墙

基槽
32cm宽、15cm深

垫层
75mm厚

基槽
挖一个32cm宽15cm深的基槽

垫层
夯实垫层至表面水平且厚度为75mm

1 用卷尺、木桩、细绳和手锤测量并标划出庭院铺面的尺寸和位置，四边（3.23m×3.23m）都预留出额外的100mm。如果庭院铺面靠墙，那么靠墙一边无需预留100mm。检验铺面区域是否为正方形（见第34页）。在正方形区域内挖一圈宽32cm、深15cm的基槽。在基槽底部摊铺碎石垫层，并用大锤将其夯实至75mm厚。

校平
移除所有凸出于垫层表面的石块

手锤
用手锤手柄敲打砖块使其坐入砂浆且表面水平

2 沿基槽中线砌筑一面两砖高的挡土墙。在底层墙砖底下铺厚厚一层砂浆，相邻砖块间留10mm宽灰缝。检查墙体是否横平竖直（或与房屋形成合理坡度）。用勾缝刀进行勾缝（视情况填入砂浆，将灰缝砂浆抹匀、刮掉多余砂浆，在相邻砖块的灰缝外缘勾一个稍稍向下的斜面）。随后组砌墙体第二层，组砌时将砖块凹槽面向下。

墙体
砌筑一面两砖高的墙，并确保顶层砖凹槽面朝下

墙体
挡土墙的顶层即为铺面的边缘

平板夯
安全易用

3 在等待砂浆凝固的同时，在围墙中央挖一块深度为15cm的基坑。挖好后，先摊铺碎石垫层，用大锤将大块石材敲碎，再进行夯实，形成75mm厚的垫层。在垫层上摊铺厚厚一层石碴，用平板夯夯实至50mm厚。再铺一层夯实至30mm的砂土层。准备一块3m长的木刮板，在刮板两端各切一个65mm（正好一砖高）×11.5cm的缺口。请一位帮手，二人各持刮板一端，将两端缺口卡架在砖墙顶层，然后在铺面区域拖曳刮板，将其表面多余砂土刮净。

砖块
排列砖块（凹槽面朝下）以实现最好的色彩搭配及贴合状态

4 在地势较低的区域填充一些砂土并重新夯实。再用刮板进行一次刮面。之后摊铺一层约13mm厚的松砂土。以人字纹样式铺装砖块。用修砖錾和手锤切割砖块来填补窄小空隙。将砂土扫进砖缝中。在平板夯底部固定一块衬垫或旧地毯，然后用其压过铺好的砖面进行夯实。

小诀窍

铺装砖块时尽量保持各砖缝宽度匀称；不时后退一段距离检查施工成果。若施工区域比3m×3m的正方形大，可以用施工尼龙线作为引导，确保铺砌的砖块都在一条直线上。

经典鸟澡盆

鸟澡盆绝对是花园景观中最具装饰性和趣味性的建筑之一。如果你喜欢一边观赏鸟儿戏水，一边度过悠闲时光，那就试试这个立柱搭配顶部鸟澡盆的结构吧。开工前要现场勘查，确保将其建在绝佳视野之内，无论在屋内或庭院中，都能随时随地享受它所带来的无限趣味。

⏱ **耗时**

铺设地基需要半天时间，砌筑立柱需要4天时间。

小贴士

该立柱结构也可用来放置日晷。

你会需要

案例中立柱尺寸：55.3cm×55.3cm×1.09m

材料

- 砖：82块
- 瓦片：36块，14.3cm×14.3cm×8mm
- 铺路板：44cm×35mm
- 垫层：0.1m³
- 砂浆：1份（12kg）水泥和4份（48kg）砂土
- 混凝土：1份（40kg）水泥和4份（160kg）石碴
- 模板木材：4片，69cm×2cm×40mm
- 立柱木材：4片，39.3cm×75mm×4mm
- 钉子：16枚，80mm长
- 鸟澡盆：34.5cm×34.5cm×84mm

工具

- 卷尺和粉笔
- 通用手板锯
- 羊角锤
- 挖土铲
- 手推车和水桶大锤
- 水准尺
- 铁锹和拌灰板；或使用混凝土搅拌机
- 砌砖刀和勾缝刀修砖錾
- 橡胶锤
- 瓷砖切割机

经典鸟澡盆分解图

鸟澡盆 34.5cm×34.5cm×84mm

铺路板 34.5cm×34.5cm×84mm

支撑框在施工过程中为悬挑砖体提供支撑

在木框和砖体之间卡入小木楔来固定支撑框

将瓦片上方的灰缝勾成斜削面

瓦片 两层瓦片叠在立柱上四周凸出16mm

外围砖块凹槽面朝下

模板骨架

挖一个30cm混凝土层

垫层18cm

深的基坑12cm

赏心悦目

人们都爱欣赏鸟儿在园中自在嬉闹的美景，而鸟澡盆恰好可以吸引更多鸟儿前来拜访。这一小巧精致的结构还有很多其他的用途：如果上面不放置鸟澡盆，这一立柱结构可以作为大气美观的古典雕像基座（用长30cm、粗10mm的钢筋将雕像固定在立柱顶端：先用装有砖石钻头的电钻在立柱顶面钻一个直径10mm、深度至少为15cm的孔，并在雕塑上钻一个15cm深的孔。将钢筋插进立柱顶孔中，被撞掉）。除了作为雕塑基座，这样的立柱结构还再将雕塑置于其上。钢筋可以防止雕塑被风吹掉或可以作日晷的底座。

材质为金属、石材或木材的手工制鸟澡盆，或者装饰性十足的浅底陶瓷花盆，都可以让整体结构看起来更加个性独特。你可以更改原设计中的瓦片细节，例如在每一砖层上都叠加一层瓦片，或者用厚厚的黑色板岩代替瓦片等。还可以在砌体中加入装饰用的图案砖。

分步教程：砌筑经典鸟澡盆

外围砖块
边缘砖块在铺砌时应该凹面朝下

中心砖块
中心砖块在铺砌时应该凹面朝上

1 首先组装模板骨架：骨架每角钉两枚80mm长的钉子。将模板骨架置于地面，用挖土铲大致标划其位置，然后将模板移走。按标划区域挖掘一个深度为30cm的基坑。向基坑内摊铺碎石垫层并用大锤将其夯实至18cm厚。将模板置于垫层之上，并确保其处于水平状态，然后向模板区域中填充混凝土。待混凝土干燥定型之后，在其上试摆第一层砖。

橡胶锤
用橡胶锤可以避免对砖块造成损伤

校准
确保所有砖块都在同一水平面。外围砖块在铺砌时均为凹面朝下

第三层
砖块凹槽面朝下

勾缝
用勾缝刀进行勾缝

灰缝
砖块均为错缝堆砌

2 在砖样周围撒石灰粉做标划。将砖块移开，在标记范围内摊铺砂浆。开始砌第一层砖，确保砖面水平并通过测量砖层对角线及边长来确认砖层端面为正方形（见第34页）。用同样的方法组砌第二层砖，且与第一层砖竖缝错开。

3 砌好前两层砖后，清整砌体灰缝。然后试摆第三层砖。第三层砖呈阶梯状缩进。试摆后重复石灰粉标线、铺砂浆、铺砖的操作。然后重复上述操作来堆砌第四层砖。如此往复至需要放瓦的砖层后暂停，将砌体搁置一夜。

校平
两层瓦片中间夹砂浆，再整体置于砂浆层上敲打瓦片以保证其表面水平

瓦片
切割瓦片至合适尺寸确保其四周比底下砖层宽出16mm

砂浆
从瓦片间的缝隙中刮出少量砂浆

4 将瓦片切割至合适尺寸，并在砖层上方覆盖两层，四周悬挑16mm。铺砌时确保两层瓦片错缝排开。若想将瓦片铺得利落工整并非易事，因此要放慢速度，小心操作。用水准尺校平瓦片表面。

木质支撑框
制作一个木框，使其能够宽松地套在立柱顶层砖外围。用三角形小木楔卡住支撑框，使其无法移动。支撑框可为悬挑砖层提供支撑（完工后等待48小时再将其拆除）

5 继续往上组砌砖块和瓦片，打造完整立柱。每铺一层砖或瓦片都要检查其表面是否水平以及四角是否为直角。制作木质支撑框来支撑顶层悬挑砖层，并将支撑框与砖层卡紧，然后组砌最后一层砖。将混凝土板放在最顶端砖层上，清整灰缝。最后将鸟澡盆置于混凝土板之上。

小诀窍

仅凭单人操作很难成功将支撑框固定在砖层外围，因此最好请人帮忙。如果支撑框经常滑下或已经变形，可以尝试使用其他形状的固定木楔，或使用更多木楔。

花草庭院

想象这样一个温暖的夏日傍晚：你悠闲地坐在院中，庭院地面还散发着午后日光的余温，周围花草树木幽香阵阵，让人为之沉醉。本节介绍的庭院铺面融合了若干裸土层，并在其中种植了一些精心挑选的香料植物。混凝土、砖材或黏土质铺路块均可用于该庭院的铺装。

耗时

地基：5天。

铺砖：2天。

小贴士

如果想尝试不同的砌式花纹，先在地面用干砖摆砖样。

你会需要

案例尺寸：4.81m×4.81m

材料

- 混凝土铺路块：714块，20cm×100mm×50mm（也可用砖材或黏土铺路块，但要调整数量、铺面尺寸及地基深度）
- 垫层：2.5m³
- 钉子：172枚，38mm长
- 混凝土：1份（500kg）水泥和4份（2t）石碴

- 砂浆：1份（75kg）水泥和4份（300kg）砂土
- 模板木材：总长28m，每块尺寸为15cm×22mm
- 模板木桩：56根，30cm×35mm×22mm
- 捣固木板：1片，1.6m×100mm×22mm

工具

- 卷尺、木桩和细绳
- 挖土铲和四齿叉
- 手推车和水桶
- 通用手板锯
- 羊角锤
- 水准尺
- 手锤

- 大锤
- 铁锹和拌灰板或使用混凝土搅拌机
- 修砖錾
- 勾缝刀
- 园艺铲

"花"样风格

本设计完美融合了花草和铺面两大元素，颇具中世纪药草园的古韵。它既可作为一条通往盆景园的曲径，又可成为宁静自处的怡人角落，还可以带来花草幽香供人赏味。你可以更改本设计中花草与铺面的比重，或者将花草种植区移到一边以获得更大的憩坐区域。

庭院铺装既耗时又费工，因此在动工之前一定要先进行评估，确定自己可以胜任这种大型的工程。由于庭院铺面无需太深的地基，因此在挖掘基坑时应该不会碰到任何地下管道。但尽管如此，依然要谨慎操作，一旦挖到了管道，请寻求专业人员建议。本工程中最重的任务就是挖掘基坑以及安置木模板，因此如果一开始感觉进展缓慢，也不要灰心丧气。

花草庭院剖面图

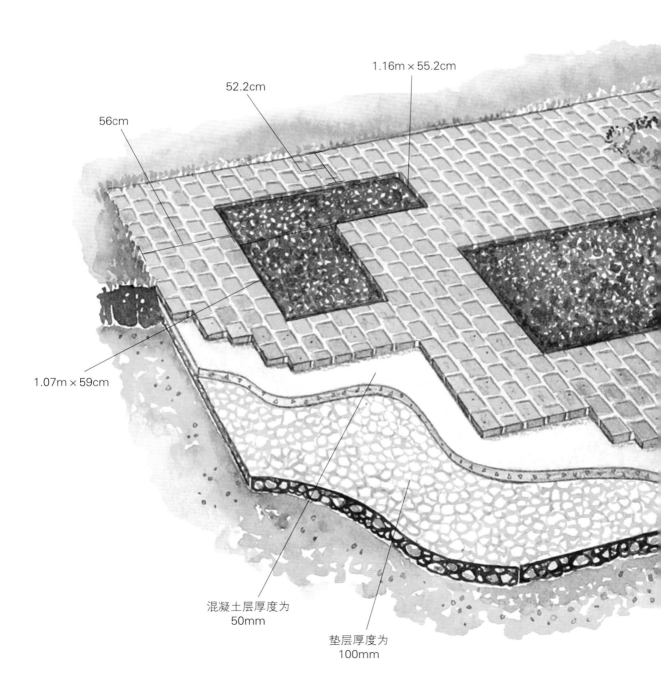

1.16m×55.2cm

52.2cm

56cm

1.07m×59cm

混凝土层厚度为
50mm

垫层厚度为
100mm

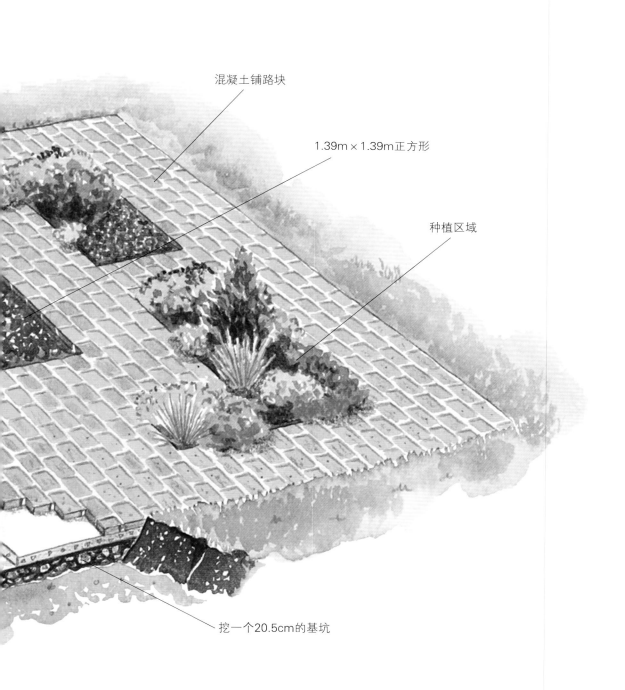

混凝土铺路块

1.39m×1.39m正方形

种植区域

挖一个20.5cm的基坑

分步教程：花草庭院铺装

垫层
夯实至100mm
厚且比模板低
30~40mm

模板
制作模板每
角2根钉子固
定。将木桩
钉在模板内壁

1 挖一个4.81m×4.81m×
20.5cm的正方形基坑，
确保其底面平整。用木桩和
细绳标划好铺面区域和种植
区域。制作尺寸形状与种植
区域相同的模板骨架，将其
插入地面并敲打校平，使所
有木框都在同一水平面上。
在铺面区域摊铺碎石垫层，
并夯实至100mm厚。

小诀窍

在垫层和模板之间留出一点
缝隙可以达到更好的铺装效
果。如此一来，缝隙中渗入
的混凝土可以在种植区域周
围形成更为坚固的边缘。

混凝土层
以质地疏松
为宜

2 用极少量水混制一些质
地疏松的混凝土，将其
摊铺在碎石垫层之上。用
捣实板整平混凝土层，使其
表面与模板边框在同一水平
面。该操作可以单人完成，
但是如果有人帮忙，可以达
到事半功倍的效果。操作过
程中不要踩踏混凝土层。每
次铺设范围不应超过庭院铺
面总面积的1/4。

捣实
用模板顶端捣实
混凝土层，使其
表面平整

坐浆
将砖块底面沾湿再铺装时轻微摇动砖块调整位置

施工尼龙绳
用拉紧的施工用尼龙绳作为铺装引导

砖缝
砖缝应为15mm左右宽

3 在混凝土尚未干固时，拉一根施工用尼龙绳来标记第一层砖的铺砌位置并轻柔地将砖块压在混凝土层中，相邻砖块间留出15mm左右的缝隙。由于混凝土层已经水平，因此只要轻轻摇动砖块使其底部坐实即可，无需再敲打其表面进行校平操作。偶尔后退检视铺砌砖块是否呈直线排列，以及各砖缝宽度是否均匀。

砂浆
将质地疏松的砂浆填入砖缝

勾缝
用勾缝刀的刀柄将灰缝表面整平并做最后表面修整

4 用修砖錾和手锤将铺路块切割成合适的尺寸，以填补较小的空隙。用极少量水混制一些质地疏松的砂浆，并将其抹进砖缝中。下压砂浆至砖缝被灌满，然后进行勾缝。

模板
移除模板并填土

植物
精心挑选植物种类，种植前先带盆试排出满意的图案。挑选植物时要考虑到其长成后的尺寸大小

土层
挑选适合植物生长的种植用混合土

5 固后（或等待至少两天），清理掉砖面残余砂浆。将模板移除，用园艺叉给种植区域松土，然后在土层表面覆盖一层与砖面平齐的优质土壤或堆肥土。

装饰用高架花坛

高架花坛这一高明的设计，能够为你的花园创造更多的种植空间。但这并不是高架花坛最大的优点——其抬高结构可以将花草置于更好养护管理的高度，对弯腰困难的人来说益处极大，也让园艺工作更加轻松。高架花坛很适合应用于假山花园中，以便访客近距离观赏这些小巧可爱的植物。

⏱ **耗时**

一个周末（如果需要铺建地基可能需要更久）。

小贴士

施工过程中可能要用到角磨机，要注意使用安全（见第24页和第43页）。

你会需要

案例尺寸：1.15m×1.15m×56cm（减去一块正方形区域以打造L形拐角）

 材料

- 砖：128块　　　　　　　13.2cm×26mm
- 装饰花砖：2块，21.5cm× • 砂浆：1份（15kg）水泥
  21.5cm×28mm　　　　　和4份（6kg）砂土
- 顶盖瓦：14块，29cm×

 工具

- 卷尺、1.2m长直尺以及 • 石匠锤
  一根粉笔　　　　　　 • 修砖錾
- 铁锹和拌灰板或使用混 • 手锤
  凝土搅拌机　　　　　 • 角磨机（可能需要切割
- 砌砖刀和勾缝刀　　　　顶盖瓦）
- 水准尺

花坛"高"标准

和大多数工程一样，高架花坛的设计和建造也有许多不同的方案可选，不一定要完全按照本节介绍的施工方案进行操作。如果你想改变花坛尺寸，那么在操作前要先提醒自己，任何有关花坛尺寸和形状的更改都应斟酌再三——大气宽阔的结构固然好，但这样的花坛可能会需要大量的土壤。本节介绍的高架花坛拥有纤窄的拐角结构，非常适合种植小型植被，而且也无需大量的土壤填充。装饰花砖的加入虽然会使整体施工过程更为复杂，但是同时也会为砌体增添物超所值的视觉效果。

如果你想改变花坛的外观，不要将选择局限在单调常见的建材中，而可以去一些废弃庭院搜寻探索，也许能够找到精美的赤陶瓦或古色古香的图案砖。用颜色明丽且带有花卉图案的维多利亚式釉面瓦搭配暖色调的砖材，可以赋予砌体结构更为独特的魅力。此外，还可以将颜色对比强烈的砖材铺成一行，或以不同砌式进行组砌（见第94页储物椅凳案例）。

装饰用高架花床截面图

顶盖瓦
29cm×13.2cm×26mm

装饰花砖
21.5cm×21.5cm×28mm

额外砖块
砌在装饰花砖后

地基
也许可以沿用现成铺面作为地基

种植混合土
土壤和堆肥的混合物

混凝土
50mm厚

排水系统
碎砖和小卵石可以促进排水

垫层
100mm厚

花坛平面图：底层砖示意图

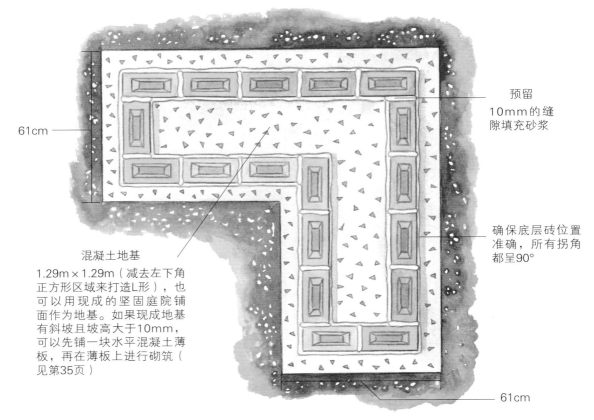

61cm

预留
10mm的缝
隙填充砂浆

确保底层砖位置
准确，所有拐角
都呈90°

混凝土地基

1.29m×1.29m（减去左下角
正方形区域来打造L形），也
可以用现成的坚固庭院铺
面作为地基。如果现成地基
有斜坡且坡高大于10mm，
可以先铺一块水平混凝土薄
板，再在薄板上进行砌筑（
见第35页）

61cm

细节图：装饰花砖的砌放槽

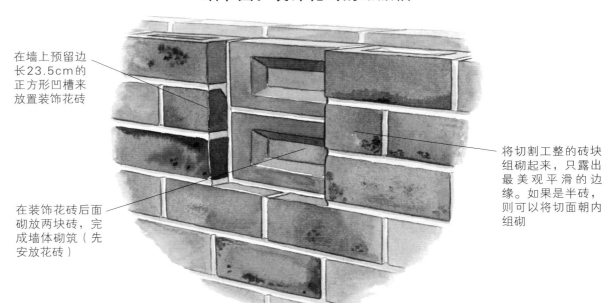

在墙上预留边
长23.5cm的
正方形凹槽来
放置装饰花砖

将切割工整的砖块
组砌起来，只露出
最美观平滑的边
缘。如果是半砖，
则可以将切面朝内
组砌

在装饰花砖后面
砌放两块砖，完
成墙体砌筑（先
安放花砖）

花坛分解图

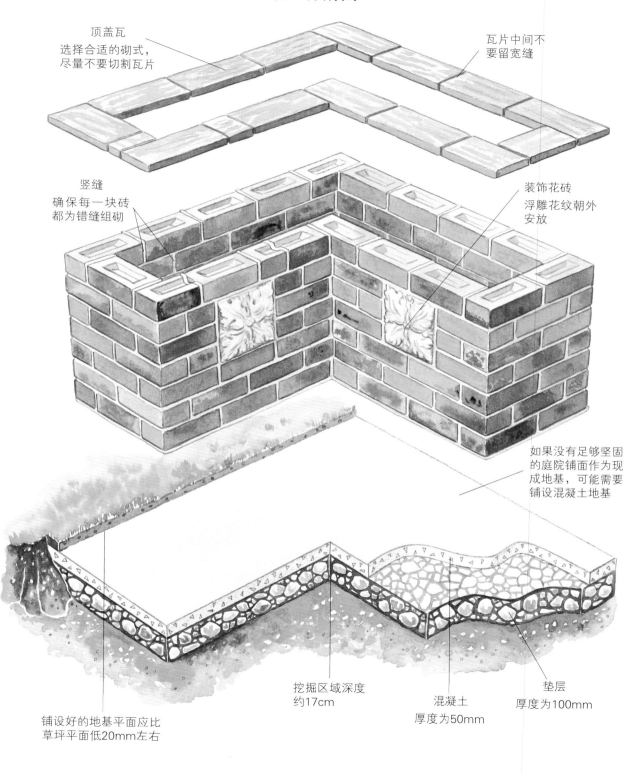

顶盖瓦
选择合适的砌式，
尽量不要切割瓦片

瓦片中间不
要留宽缝

竖缝
确保每一块砖
都为错缝组砌

装饰花砖
浮雕花纹朝外
安放

如果没有足够坚固
的庭院铺面作为现
成地基，可能需要
铺设混凝土地基

铺设好的地基平面应比
草坪平面低20mm左右

挖掘区域深度
约17cm

混凝土
厚度为50mm

垫层
厚度为100mm

分步教程：砌筑装饰用高架花坛

底层砖
摆砖样确定正确的铺砌方位在相邻砖块间留10mm缝隙

标划
用粉笔和直尺标划轮廓

拐角
校正拐角砖块位置并确保每个拐角都为90°

校平
用水准尺校正砖块位置

直边
用水准尺边缘确定外缘砖块呈直线排砌

1 先决定花坛的砌筑方位。我们将它建在了庭院一角。庭院铺面的地基足够坚固，可以为新建花坛提供良好的支撑。如果需要重新铺设地基，请参考第32~35页。组砌底层砖之前先用干砖摆砖样，确定花坛的尺寸及形状。然后用卷尺、粉笔和直尺标划出花坛外廓。

2 先摊铺一层砂浆，然后在砂浆层上组砌第一层砖。用水准尺对砖块的位置进行校准，并不时后退到远处检查组砌成果。花坛的各个拐角均应为90°直角，各边为直线，各砖缝也应保持宽度一致。

3 组砌第二、三砖层，确保各砖层水平，并保证上下层砖块错缝排列。用勾缝刀清整灰缝。

勾缝
用勾缝刀将多余砂浆刮净并将灰缝表面处理得较为平滑

墙壁内侧灰缝
不用太在意墙壁内侧灰缝的外观，只需将多余砂浆刮净即可

砖块
用两块砖压
住固定花砖
的木条

装饰花砖
检查花砖
安放位置
确保其位
于墙体中
心且摆放
端正浮雕
花纹应凸
出墙面

4 再砌三层砖，在墙体立面为装饰花砖预留出正方形空槽。在这些空槽内壁摊铺砂浆，然后安装花砖。在墙体顶层搭放一块木板来固定花砖，并在木板上压放两块砖进行加固。在花砖背后砌两块砖起到支撑作用（见"小诀窍"）。

小诀窍

等固定砖块的砂浆干固之后，在花砖后面的空隙中塞入两块砖，然后用木条将花砖向内推，使其紧靠后面的砖块。

校平
用水准
尺边缘
校准顶
盖瓦位
置，使
其呈直
线铺砌

5 完成最后一层砖的组砌工作。有一点需要注意：该砖层使用的砖块都做了切割处理（借助石匠锤），且在组砌时留意砖缝不能与下层花砖通缝（见主图）。在最后一层砖上先试铺顶盖瓦，找出一种尽量无需切割瓦片的砌式。如需切割瓦片，可以使用修砖錾和手锤，也可以使用角磨机。将顶盖瓦铺砌在10mm左右的砂浆层上，用水准尺对齐瓦片边缘。

简约花园墙

砖墙砌筑看似简单，却能带给人难以名状的愉悦感：无论是摊铺细软的砂浆，还是垒砌一层层的红砖，都能让你暂时逃离日常生活的烦琐与喧嚣，获得片刻的宁静与淡然。本节介绍的独立式矮墙很适合作为花园前墙，或是抬高式庭院的围墙，又或者是小型花境的挡土墙。如果你的旧墙已经缺砖少瓦，摇摇欲坠，这面矮墙也是不错的替补之选。

 耗时

砌筑3米长的墙需要3天时间。

小贴士

如果想要砌筑更长的墙，请参考第50页关于墙体尺寸的详细介绍以及相关安全须知。

你会需要

案例尺寸：3m×51.8cm

 材料

- 砖：180块
- 瓦片：36块，26.5cm×17.5cm×10mm
- 砂浆：1份（25kg）水
- 泥和4份（100kg）砂土
- 校平用木板：1块，3m×100mm×22mm

 工具

- 铁锹和拌灰板或使用混凝土搅拌机
- 手推车和水桶
- 砌砖刀和勾缝刀
- 水准尺
- 石匠锤

墙里墙外

两砖厚的墙比单砖墙更美观耐久，也是大多数花园墙的首选方案。本节介绍的花园墙采用了传统的砌式，设计中的凸边瓦片层以及斜削的勾缝细节并不仅仅出于美观考量，更能保护砌体免受雨水侵蚀。如果想建一面更高的墙，则需要为其砌筑额外的支撑结构（见第50页"支承墩和扶壁"），并铺设更稳固的地基。如果想建高度为本案例两倍的墙体，则需将混凝土地基板宽度增至墙宽的三倍，厚度也需增加30mm。无砌筑经验的新手不应尝试建造高度超过2m的砖墙。

这面简约花园矮墙沿用了现成的地基结构（按照第35页的内容评估现成地基是否可用）。参考第50页的内容了解如何砌筑弧面墙、如何改变墙体角度，以及拐角处如何砌筑。

简约花园墙截面图

压顶砖

砖块
普通顺面砌式

混凝土
厚度为90mm

垫层
厚度为90mm

瓦片
两层装饰花砖可以为墙体遮挡雨水

丁砖
丁面（端面）朝外

可以沿用现成地基，如坚固的庭院铺面

简约花园墙剖面图

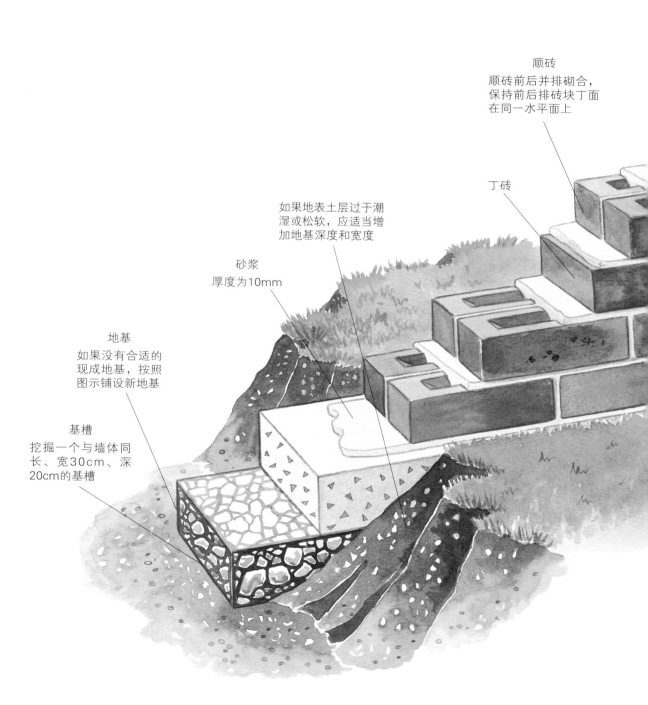

顺砖
顺砖前后并排砌合，
保持前后排砖块丁面
在同一水平面上

丁砖

如果地表土层过于潮
湿或松软，应适当增
加地基深度和宽度

砂浆
厚度为10mm

地基
如果没有合适的
现成地基，按照
图示铺设新地基

基槽
挖掘一个与墙体同
长、宽30cm、深
20cm的基槽

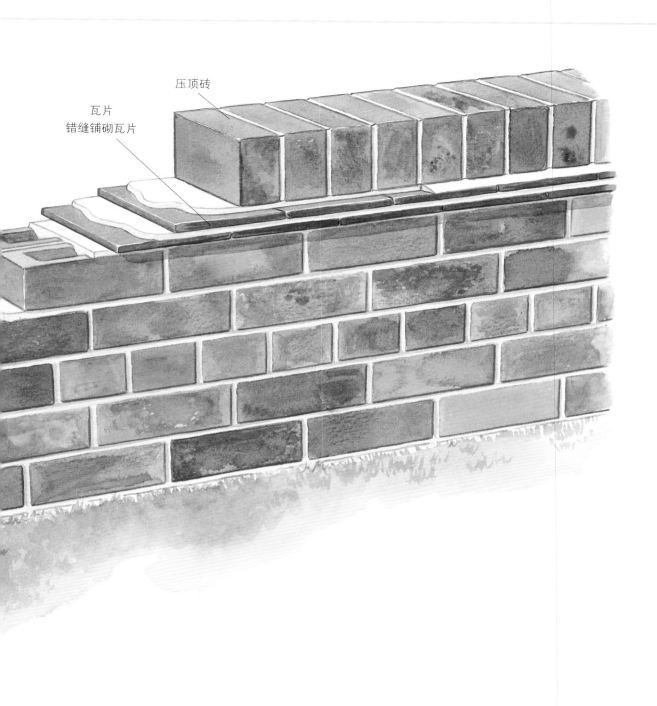

压顶砖

瓦片
错缝铺砌瓦片

墙体端面截面图

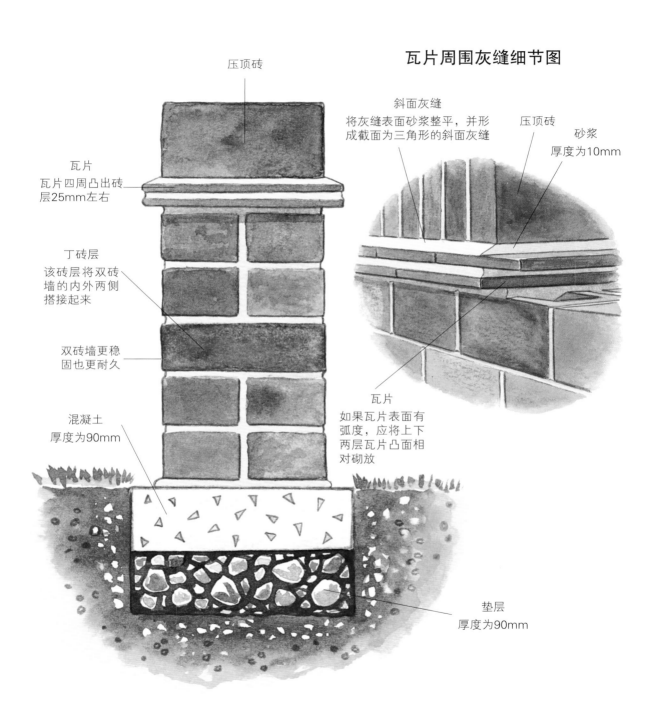

压顶砖

瓦片
瓦片四周凸出砖
层25mm左右

丁砖层
该砖层将双砖
墙的内外两侧
搭接起来

双砖墙更稳
固也更耐久

混凝土
厚度为90mm

瓦片周围灰缝细节图

斜面灰缝
将灰缝表面砂浆整平，并形
成截面为三角形的斜面灰缝

压顶砖

砂浆
厚度为10mm

瓦片
如果瓦片表面有
弧度，应将上下
两层瓦片凸面相
对砌放

垫层
厚度为90mm

分步教程：砌筑简约花园墙

底层砖
砖块成对坐浆

地基
本案例中沿用了坚固的庭院铺面地基

1 如果有合适的现成地基（见第35页），那么第一步就可以从砌砖开始。先摊铺厚厚一层砂浆，然后砌放底层砖。确保每一排砖块间隙均匀（10mm缝隙）且首尾对齐。检查砖块是否水平，视需要做出调整。

校平
用校平木板和水准尺进行砖面校平

清理砂浆
待砂浆部分干固后进行清理

砌式
最底两层砖采用顺砖砌式

2 继续砌筑墙体，第二层砖要与底层错缝排开且保证上下层砖块左右搭接半砖长。用校平木板和水准尺检查组砌砖块是否在同一水平线上（这里也可以用施工用尼龙绳校平并确保砖块沿直线铺砌。施工用尼龙绳通常应用于长墙砌筑或房屋建造中，具体请参考第20页）。

分步教程：砌筑简约花园墙

3 第三砖层均由丁砖组成。本砖层中，每隔一块砖的丁面中线都应与下一砖层的竖缝对齐。用水准尺检查墙体是否与地面垂直，并用石匠锤的锤柄轻轻敲打砖块进行校准。按照底层砖和第二层砖的砌筑方式垒砌墙体的第四层和第五层。

对齐
用锤柄敲打砖块，确保砖面在同一直线上

第三层
第三层砖采用丁砖砌合形式组砌。每隔一块砖的丁面中线都对准下一砖层的灰缝

瓦片位置
调整瓦片位置使瓦片四边有等宽悬挑

瓦片缝隙
上下两层瓦片夹砂浆错缝铺砌

4 将瓦片铺在10mm厚的砂浆层上，相邻瓦片之间不要留缝隙。第一层铺好后再开始铺第二层。第二层应以半瓦开始铺（用石匠锤将其碎成两半），这样才能保证上下两层瓦片错缝排开。

小诀窍

瓦片的形状和纹理都会影响到墙体的外观。不要选用混凝土瓦（外缘不美观）；不要选用弧面过大或表面过光滑的瓦片，这两种瓦片均会给铺砌工程带来难度。

压顶砖
顺面坐浆

凹槽面
砖块凹槽面
朝同一方向

5 在顶层砖表面摊铺砂浆并铺砌压顶砖。压顶砖均顺面坐浆，且凹槽面朝同一方向。最后一块压顶砖应凹槽面朝内铺砌（外观看不见凹槽面）。检查压顶砖层是否横平竖直。

勾缝
为顶层砖勾缝，确保灰缝表面平滑且与砖面平齐

保护
压顶砖和顶盖瓦可引导雨水不接触到墙面而流下

砂浆
将砂浆抹成坡底与瓦片边缘相连的下斜面

6 清整所有的灰缝，然后着重处理瓦片边缘上方灰缝细节。沿边缘缝隙摊铺一层砂浆，然后用勾缝刀抹出一个光滑的、端面为三角形的下斜面。

储物椅凳

如果你的小院过于拥挤杂乱，本节所介绍的储物椅凳可为你提供集实用与美观于一身的解决方案。同时，该设计也可以让你有机会尝试打造一个带有英式菱形花纹的砖箱（用彩色砖、凸出砖或凹进砖拼出菱形或方形等重复的几何图案铺满砌体表面的装饰手段）。

🕐 **耗时**

如果使用现成地基需要
3天时间。

小贴士

该椅座很重，可以考虑加入
铰链设计。

你会需要

适用尺寸：1.43m×66.2cm×51.3cm

 材料

- 砖：67块浅色砖和23块深色砖
- 砂浆：1份（10kg）水泥和4份（40kg）砂土
- 椅座木骨架：2块，1.43m×63mm×38mm；6块，58.6cm×63mm×38mm
- 椅座木板条：6块，1.43m×100mm×20mm

- 胶合板（室外级别）：1块，1.43m×66.2cm×5mm（置于椅座木板下）
- 钉子：16枚，100mm长（钉固椅座骨架）；36枚，50mm长（钉固椅座木板条）

 工具

- 卷尺和粉笔
- 水准尺
- 铁锹和拌灰板或使用混凝土搅拌机

- 手推车和水桶
- 砌砖刀和勾缝刀
- 石匠锤通用手板
- 锯羊角锤

收纳有法

你是否曾想过把某个塑料储物盒放在花园作为收纳，但又因为其外表实在过于简陋而放弃这一念头？如果你乐于投入精力制作外表精美的花园建筑，那一定会对这个储物椅凳感兴趣。我们将这个椅凳建在了庭院边缘，用来收纳一些工具、花盆和其他杂物，使其免受风吹日晒。该椅凳的椅座板条由防腐松木制成，下面还垫了一层室外用胶合板，防止雨水透过板条缝隙淋湿储物空间。栎木板条会更加精美，但造价也会高出许多。如果只想打造一把简单的椅凳而无需储物空间，可以将其建得稍矮一些，并用粗壮的轨枕作为椅座。椅身上的深色菱形花纹拼法简单，且可根据个人喜好进行改变，打造不同的外观。此外，还可用不同颜色的砖块拼砌出彩色的带状花纹、在拐角处搭配色彩对比强烈的砖块，或者加入赤陶瓦或釉面瓦等方式来创造不同的视觉效果。

储物椅凳主视图

浅色砖块

深色砖块
用色彩对比较强的砖块铺最底砖层及花纹部分

木质椅座
防止收纳物被淋湿。可以搬开

按图示铺设地基，或使用现成地基

储物椅凳分解图

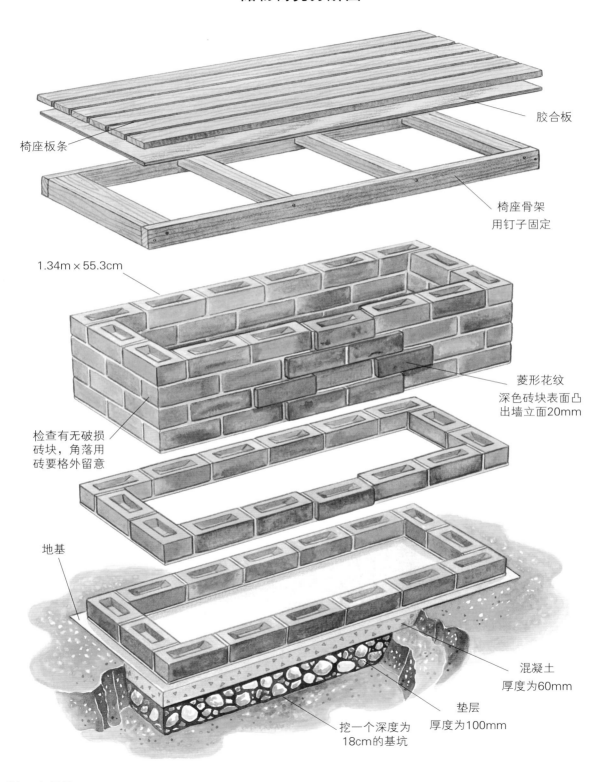

胶合板

椅座板条

椅座骨架
用钉子固定

1.34m × 55.3cm

菱形花纹
深色砖块表面凸
出墙立面20mm

检查有无破损
砖块，角落用
砖要格外留意

地基

混凝土
厚度为60mm

垫层
厚度为100mm

挖一个深度为
18cm的基坑

储物椅凳平面图：底层砖示意图

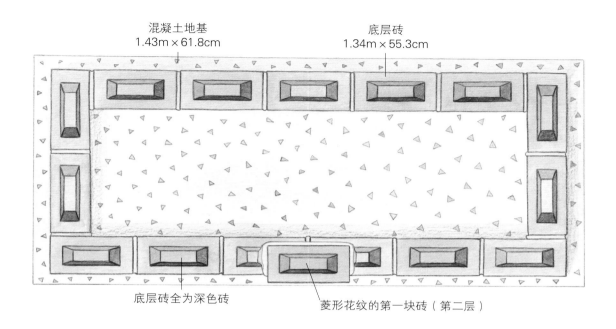

混凝土地基
1.43m × 61.8cm

底层砖
1.34m × 55.3cm

底层砖全为深色砖

菱形花纹的第一块砖（第二层）

木制椅座剖面图

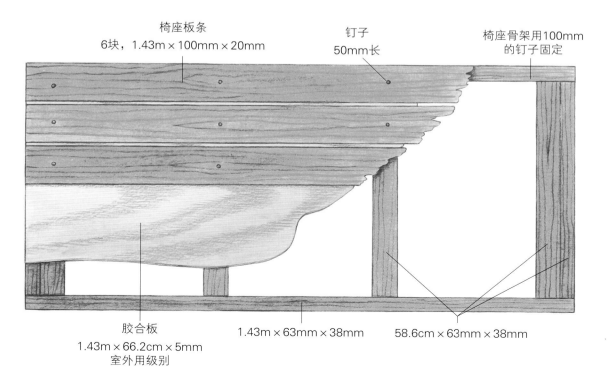

椅座板条
6块，1.43m × 100mm × 20mm

钉子
50mm长

椅座骨架用100mm
的钉子固定

胶合板
1.43m × 66.2cm × 5mm
室外用级别

1.43m × 63mm × 38mm

58.6cm × 63mm × 38mm

校平
确保底层砖
表面水平

底层砖
将底层砖坐
于厚厚的砂
浆层中

1 用粉笔和卷尺在地基上标划出一块1.34m×55.3cm的区域，用木板制作椅座骨架（如果沿用现成地基，请参考第35页）。砌放底层深色砖块。确保砖层横平竖直，相邻砖块间保留均匀的10mm灰缝。

小诀窍

如果想要改变椅凳尺寸，也尽量选择可以整砖砌筑的尺寸。如果要将椅凳靠墙而建，砌筑方法与当前一致，不能只建三面，以免结构过于脆弱。

第二层砖
与底层砖
错缝堆砌

锤子
用锤柄推敲
砖块进行位
置校正

2 继续砌砖。其他各层砖块均用浅色砖组砌，只有花纹部分用深色砖拼砌。花纹部分的深色砖需要凸出墙面20mm左右。上下层砖块错缝而砌。

砂浆
待砂浆部分
干固后再进
行清理

校平
检查砖块
是否对齐

菱形花纹砖
用于拼砌花
纹的深色砖
块需要凸出
墙面20mm

3 砌筑过程中要时刻检查砖块是否呈直线排列，以及砖缝间距是否相同。花纹拼砌过程中的任何失误都会格外显眼，因此在拼砌时要十分留意。用水准尺检查花纹中各竖缝是否对齐。

砌砖刀
勾缝时可以
用砌砖刀作
为托灰板

勾缝
将砂浆抹
入砖缝中

椅座板条
用钉子将椅座
板条、椅座底
板和椅座骨架
钉在一起

先在每条椅座
板的两端各钉
一枚短钉；再
沿板条钉若干
枚短钉

椅座底板
置于椅座板条
和椅座骨架之
间的胶合板

4 清整灰缝，在砌体立面和花纹周围要格外小心。用砌砖刀作为托灰板盛装砂浆，然后用勾缝刀将砂浆切分为薄片，填抹入砌体表面的砖缝中并进行压实。.

5 按照砖墙顶层尺寸制作大小相近的木椅座（墙体顶层用于拼砌菱形图案的砖块有20mm的凸出）。用长钉组装椅座骨架，然后将椅座底板放在骨架上方，再在底板上等距铺放板条。用短钉将边框、底板和板条固定。

入门立柱

和陈旧歪斜的木围柱以及简陋的混凝土板挥手再见吧，本节将为你介绍如何打造别具乡墅风格、恢弘大气的宅院入口。该结构造型亮眼时尚，能够让入口顿显华丽典雅，也能为车道、前门步道及花园各处增添高贵之感。搭配球形顶饰后，原本简单的立柱也摇身一变，成了风格独特的建筑艺术。

小贴士

如果你想建造更高的立柱，要同时增加其宽度和深度。

你会需要

案例尺寸：门柱高为1.15m，门柱间隔为83.2cm

 材料

- 砖：172块
- 瓦片：16块，22cm×15.5cm×10mm
- 石材或混凝土球形顶饰：2个，28cm高，带27cm×27cm基座
- 垫层：0.3m³
- 混凝土：1份（120kg）水泥和4份（480kg）石碴
- 砂浆：1份（20kg）水泥和4份（80kg）砂土

 工具

- 卷尺、木桩、细绳、直尺和粉笔
- 水准尺
- 挖土铲和四齿叉
- 手推车和水桶
- 铁锹和拌灰板或使用混凝土搅拌机
- 大锤
- 砌砖刀和勾缝刀
- 石匠锤
- 修砖錾

一"门"惊人

气势磅礴的府邸宅院往往都拥有华丽的铁艺大门，大门两旁矗立着高耸庄重的立柱，柱顶还有遥相呼应的两只威严雄鹰或其他石雕。本节介绍的入门立柱虽不及此般雄伟，但却延续了相同的设计理念和风格，同时独具紧凑和庄严之美。我们在庭院和花园之间建造了这样的入门立柱，并将立柱与矮砖墙相连，从视觉上起到空间分隔的作用。你也可以将立柱建在屋前小门两旁，或是通向露台花园的阶梯两侧。你会发现，该建筑结构放在花园任何一处都能够大放异彩：无论是园中连接两个区域的小径中间，还是不同高度区域的分界，都可以用立柱搭配一节砖墙、尖木桩栅栏或外观靓丽的树篱作为分区隔档。

门柱透视图

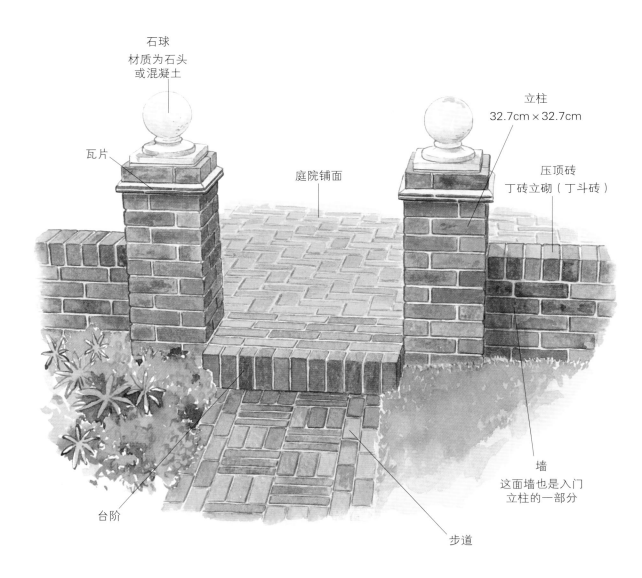

石球
材质为石头
或混凝土

立柱
32.7cm×32.7cm

瓦片

庭院铺面

压顶砖
丁砖立砌（丁斗砖）

墙
这面墙也是入门
立柱的一部分

台阶

步道

入门立柱分解图

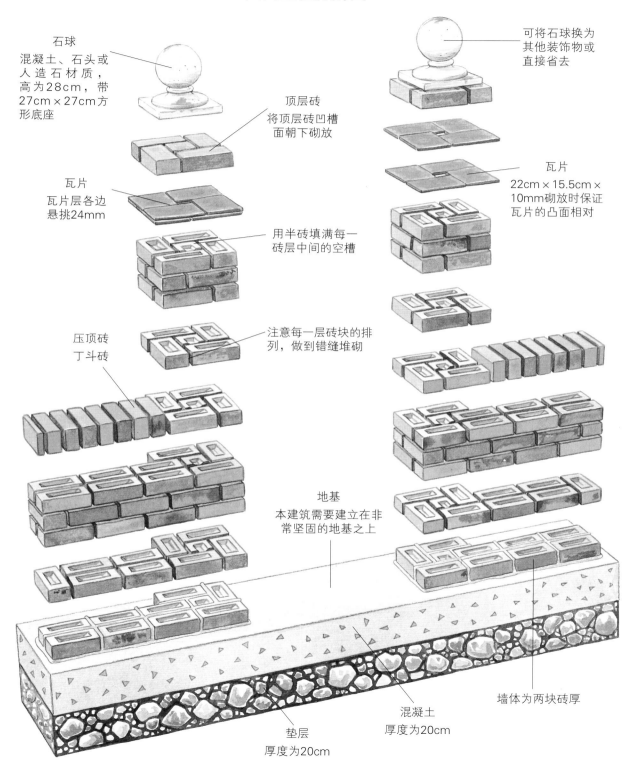

石球
混凝土、石头或人造石材质，高为28cm，带27cm×27cm方形底座

顶层砖
将顶层砖凹槽面朝下砌放

瓦片
瓦片层各边悬挑24mm

用半砖填满每一砖层中间的空槽

压顶砖
丁斗砖

注意每一层砖块的排列，做到错缝堆砌

可将石球换为其他装饰物或直接省去

瓦片
22cm×15.5cm×10mm砌放时保证瓦片的凸面相对

地基
本建筑需要建立在非常坚固的地基之上

墙体为两块砖厚

混凝土
厚度为20cm

垫层
厚度为20cm

入门立柱主视图

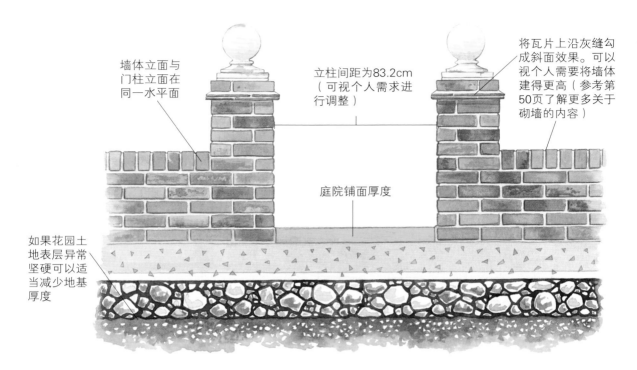

墙体立面与
门柱立面在
同一水平面

立柱间距为83.2cm
（可视个人需求进
行调整）

将瓦片上沿灰缝勾
成斜面效果。可以
视个人需要将墙体
建得更高（参考第
50页了解更多关于
砌墙的内容）

庭院铺面厚度

如果花园土
地表层异常
坚硬可以适
当减少地基
厚度

入门立柱后视图

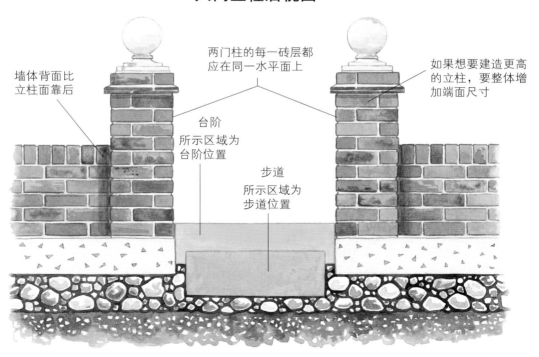

墙体背面比
立柱面靠后

两门柱的每一砖层都
应在同一水平面上

如果想要建造更高
的立柱，要整体增
加端面尺寸

台阶
所示区域为
台阶位置

步道
所示区域为
步道位置

砌式
仔细研究
施工图

校平
用水准尺校准
砖块位置后再
铺砌下一块确
保立柱垂直

1 先规划好立柱和墙壁的尺寸方位。如果想在立柱之间砌台阶，请参考第53页铺设地基：先摊铺碎石垫层并夯实至20cm厚，再铺一层至少为20cm厚的混凝土。标划出底层砖层的区域位置并用干砖摆砖样，然后摊铺砂浆并砌筑前两层砖。施工过程中随时检查组砌状况。

小诀窍

过窄、过薄或粗制滥造的地基可能会导致立柱倾斜或断裂。如果不确定地基是否能提供足够支撑，可以建造比预计所需尺寸稍大的地基。

分步教程：建造入门立柱

砂浆
理想情况下应等残余砂浆干成疏松质地后再进行清整

勾缝
将灰缝勾为凹缝

2 砌筑立柱过程中，用勾缝刀刀尖清整砖缝。尽量不要将砂浆抹到墙面（尤其避免湿砂浆）。清整灰缝时避免刮出过多砂浆。

丁斗砖压顶
压顶砖顺面坐浆

压顶砖勾缝
为压顶砖勾缝并将灰缝面压光

墙面勾缝
填补缝隙勾出部分砂浆形成斜缝

3 完成矮墙的砌筑，然后再砌两层立柱。从立柱一边开始为矮墙加盖一层丁斗砖压顶。用水准尺和石匠锤的锤柄推敲压顶砖使其排列整齐。清整墙面灰缝。

瓦片
老旧屋面瓦风格与门柱搭配

铺砌方式
上下两层瓦片夹砂浆错缝铺砌

瓦片层凸缘
确保四边悬挑宽度相同

4 继续立柱的砌筑工作，并时刻检查各砖层表面是否水平、侧面是否与地面垂直，以及拐角处是否为直角。按照图中的排列方式在砂浆上铺砌两层瓦片。如果瓦片表面有弧度，在铺砌时应使下层瓦弧面向上、上层瓦弧面向下错缝对砌。

球形顶饰
先将球形顶饰的基座沾湿再坐入砂浆

凹槽面
立柱顶层砖凹槽面向下堆砌

5 在瓦片层上方铺砌最后一层砖，铺砌时应将砖块凹槽面朝下。铺好后试摆球形顶饰，确定位置后先用粉笔进行标划。在标划区域内摊铺一层砂浆，然后将顶饰坐入砂浆层并调整好位置。全面检查砌体的砌筑状况，视情况填补缝隙并清整灰缝。

草莓花桶

想必你一定因为这样的问题备受困扰：辛辛苦苦种好的草莓，还没来得及品尝，就成了蛞蝓大军的美餐。本节要建造的草莓花桶正好可以解决这一问题：它可以将草莓苗抬高，让害虫难以接触，从而起到保护苗木的作用。抬高的花桶设计也让草莓的采摘变得更加容易，沿桶壁垂下的茎条还能对花园起到装饰作用。

耗时

地基：1天。
立柱：3天。

小贴士

避免无圆规作业，以免成品效果不好。

你会需要

案例尺寸：1.15m（高），75.2cm（桶径）

材料

- 砖：117
- 板岩：12块，22.5cm × 16.6cm × 6mm
- 小卵石：400颗，直径为 15～20mm
- 垫层：$0.1m^3$
- 混凝土：1份（30kg）水泥和4份（120kg）石碴
- 砂浆：1份（25kg）水泥

- 和4份（100kg）砂土
- 长臂圆规木材：1块，41.2cm × 65mm × 25mm
- 金属管：长度为1.66m，管径为27mm
- 地面排水管：长度为1m，管径为100mm（提高土壤排水力）

工具

- 卷尺、木桩和细绳
- 挖土铲
- 手推车和水桶
- 铁锹和拌灰板或使用混凝土搅拌机
- 大锤
- 石匠锤和手锤
- 水准尺

- 电钻及与金属管径相同的钻头
- 大力钳
- 修砖錾
- 砌砖刀和勾缝刀
- 橡胶锤
- 瓷砖切割机

"莓"开眼笑

这是一款专为草莓而设的种植容器，外观如雕塑一般精致，在保证草莓健康生长的同时，又能将其花果茎叶以优雅美丽的方式展示出来。草莓花桶最好建在花园一边的向阳区域，或作为菜地和乡村风花园的中心装饰。如果你想用该草莓花桶种植花卉，可能要在原设计的基础上加入更多的播种穴，并将花桶的朝阴面留给无需大量日照的植物。

花桶的高度可以视个人需要进行调低。该建筑全部采用半砖堆砌，因此在选购原材料时应尽量挑选易断成一半的砖块。草莓花桶的建造看似复杂，但其实长臂圆规（见第46页）几乎可以帮你完成所有的工序。建造时注意灰缝的处理，精心勾缝，在镶嵌鹅卵石时也不要小气，这样才能建造出令你为之自豪的美丽花桶！

草莓花桶主视图：长臂圆规和地基

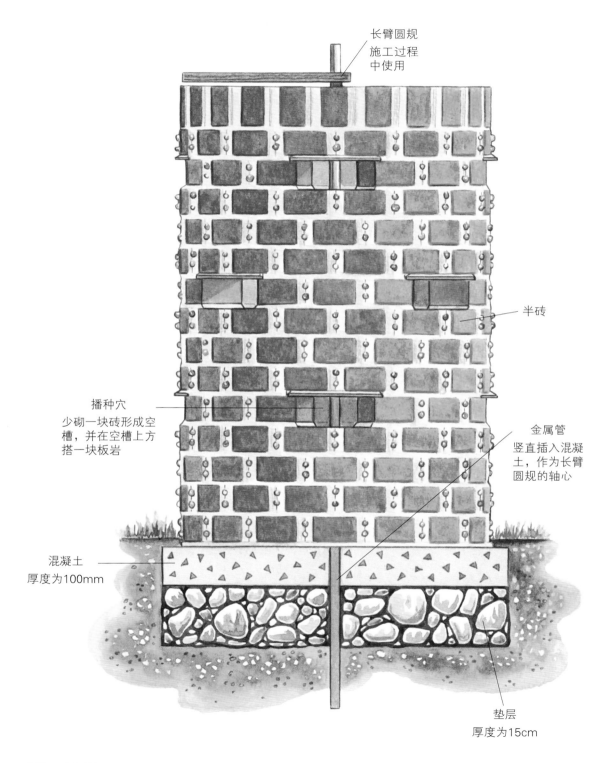

长臂圆规
施工过程
中使用

半砖

播种穴
少砌一块砖形成空
槽，并在空槽上方
搭一块板岩

金属管
竖直插入混凝
土，作为长臂
圆规的轴心

混凝土
厚度为100mm

垫层
厚度为15cm

草莓花桶分解图

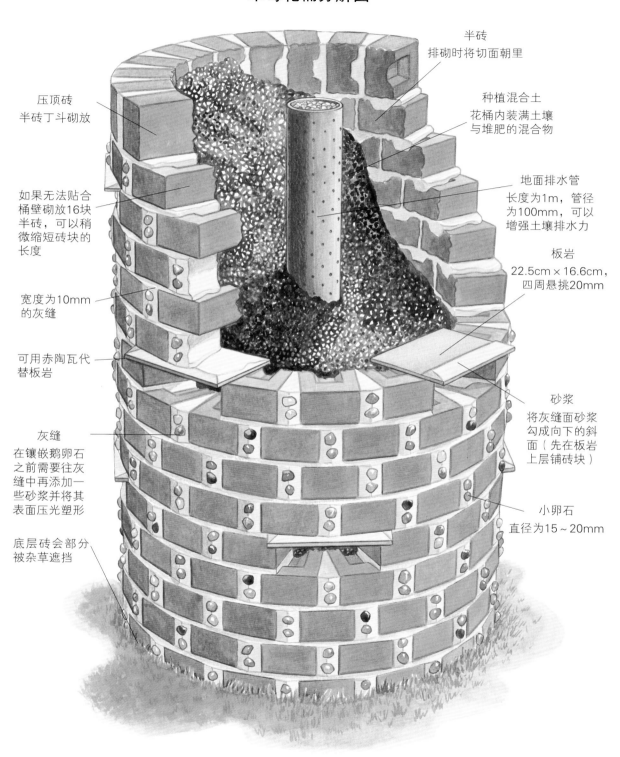

半砖
排砌时将切面朝里

种植混合土
花桶内装满土壤
与堆肥的混合物

压顶砖
半砖丁斗砌放

地面排水管
长度为1m，管径
为100mm，可以
增强土壤排水力

如果无法贴合
桶壁砌放16块
半砖，可以稍
微缩短砖块的
长度

板岩
22.5cm×16.6cm，
四周悬挑20mm

宽度为10mm
的灰缝

砂浆
将灰缝面砂浆
勾成向下的斜
面（先在板岩
上层铺砖块）

可用赤陶瓦代
替板岩

灰缝
在镶嵌鹅卵石
之前需要往灰
缝中再添加一
些砂浆并将其
表面压光塑形

小卵石
直径为15~20mm

底层砖会部分
被杂草遮挡

草莓花桶平面图：长臂圆规和铺砌好的砖层

混凝土层
84.5cm × 84.5cm × 100mm铺于15cm厚的垫层之上

金属管
竖直插入混凝土中用水准尺确定金属管与地面垂直

37.6 mm

圆规臂
41.2cm × 65mm × 25mm长臂圆规可以帮助校准砖块位置

砂浆
砖块间的宽缝需用砂浆填补

草莓花桶平面图：播种穴上搭放的板岩

每铺一层砖后就将圆规升高75mm（砖块厚度加10mm砂浆）并在其底部夹一副大力钳固定圆规臂

铺砌板岩时将其外缘凸出桶面20mm用长臂圆规作为定位器

板岩中线应该与下方播种穴对齐

分步教程：建造草莓花桶

大力钳
将大力钳沿金属管上滑至圆规臂处在正确高度

圆规臂
帮助校准砖块砌放位置

1 首先铺设水平地基。在混凝土层尚处于湿软状态时在其中心位置插入一根金属管。用水准尺检查金属管是否与地面垂直。混凝土干透之后，组装一支长臂圆规（见第46页），以金属管为轴心转动。用大力钳支撑圆规臂。试摆底层半砖，检验是否可以沿圆周摆下16块半砖。

砖块位置
每块砖边缘都应与圆规臂远端重合

校平
轻轻敲打圆规臂表面直至砖块水平

排水
放置木条为排水孔预留出空隙

2 混制砂浆，开始砌放底层砖。将砖块坐入10mm厚的砂浆中，并用圆规臂作为定位工具校正砖块位置。在某砖缝处夹一块木板，为排水孔预留位置（完工后将木板抽出）。用橡胶锤隔着圆规臂远端敲打砖块，将其压实在砂浆中。用水准尺校平砖层。

砂浆
砖缝之间
铺一层楔
面砂浆

装饰
将小卵石压
嵌在柔软的
砂浆中

3 继续垒砌砖层。每完成一层，都将砖缝间的砂浆抹成斜面，然后镶嵌两颗小卵石。这一过程需要反复练习才能成功，因此要做好心理准备，最开始很可能要将灰缝中的砂浆刮掉重填，才能最终达到理想效果。

大力钳
将大力钳向
上滑动直至
与板岩平齐

板岩
将板岩向外
推出一块使
其外缘凸出
桶面20mm

4 继续向上组砌至第五层停止。在组砌第五层砖时空出，四砖空槽作为播种穴。切几块板岩或人造板岩搭在空槽上方，板岩外缘凸出花桶砖面20mm左右。在完成板岩上层砖块的组砌之后，在板岩凸出的外缘上摊铺一层砂浆。

小诀窍

铺装板岩时要留心：将板岩锋利的边缘朝里，或提前用角磨机将其边缘和四角磨圆。板岩可以用黏土瓦片来替代。

丁斗砖
将半砖顺面坐
浆立砌作为装
饰性压顶砖

5 每砌好一层带有播种穴的砖层后，在其上方组砌三层不带播种槽的完整砖层，然后
再砌一层带有播种穴的砖层。在砌好第三层带播种穴的砖层后（此时应有12个播种
穴），在其上方砌最后一层完整砖层，然后再砌一层压顶砖。压顶砖层采用丁斗砖砌
式。用砂浆填补所有砖缝并用勾缝刀进行勾缝清整，然后在各层竖缝中嵌入小卵石（压
顶砖层除外）。静置几天后，反复弯折金属管将其折断拆除。在桶底铺一层陶罐促进排
水，然后再安装一根排水管。保持排水管竖直，同时向桶中填土。最后在各播种穴中里
种上草莓苗。

半圆形台阶

在你眼中，门阶这一结构也许不过是一些堆砌的砖块，供人上下踏步而已。但事实上，它的功能远不止于此。自古以来，前门门阶都被用来彰显宅邸的恢弘大气和喜迎宾朋的热情。本节介绍的门阶拥有弧形的圆润外廓，外观雅致的梯台为盆栽绿植提供充足的展示空间，也为整个宅院的入口增添迷人风韵。

你会需要

案例尺寸：2.16m × 1.04m × 29.8cm

 材料

- 砖：168块
- 垫层：0.25m³
- 混凝土：1份（100kg）水泥和4份（400kg）石碴
- 砂浆：1份（20kg）水泥和4份（80kg）砂土
- 直尺和圆规用木板：1块，3m × 35mm × 20mm
- 捣实梁木板：1块，30cm × 75mm；1块，45cm × 100mm × 50mm
- 砖石钉：2枚，14.5cm长（圆规轴心及圆规根端悬钉）

 工具

- 卷尺和粉笔
- 挖土铲
- 手推车和水桶
- 铁锹和拌灰板或使用混凝土搅拌机
- 大锤
- 羊角锤
- 水准尺
- 砌砖刀和勾缝刀
- 石匠锤和修砖錾

"阶阶" 高升

第一印象往往至关重要，这不仅仅适用于人与人的邂逅，也同样适用于自家宅院的入口。本节介绍的台阶表面带有奇趣花纹，装饰性十足，绝对可以给访客留下非常良好的第一印象。与此同时，该台阶踏步宽阔，亦是十分舒适宜人的驻足歇脚之处。

在规划设计台阶时，最重要的一个元素就是每节台阶的高度（即立面高度）。台阶高度应在60mm~25cm之间（多以15cm为宜）。

你可能需要根据自己的施工场地对该设计做出适当调整（请参考第53页获取更多有关台阶规划设计的内容）。如果拟建台阶的区域周围是铺好的路面，那么要考虑建好台阶后如何对铺面进行修复。

首先，标划出地基区域，并铺设混凝土地基。台阶地基应以房屋地基为最高点，形成向下的斜坡（每经过2m水平距离，垂直高度降低25mm）：先掀除现有铺面，然后挖20cm深的基坑，在底部摊铺夯实后为100mm厚的碎石垫层，再铺100mm厚的混凝土。

半圆形台阶截面图

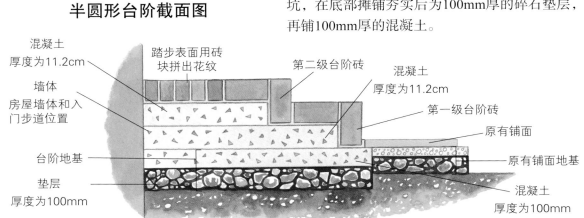

混凝土厚度为11.2cm
墙体
房屋墙体和入门步道位置
台阶地基
垫层厚度为100mm
踏步表面用砖块拼出花纹
第二级台阶砖
混凝土厚度为11.2cm
第一级台阶砖
原有铺面
原有铺面地基
混凝土厚度为100mm

半圆形台阶平面图

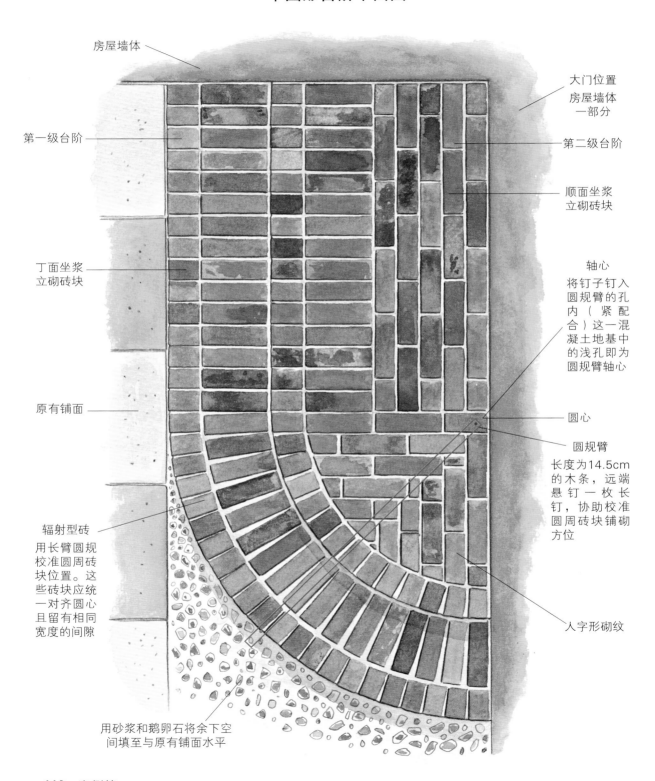

房屋墙体

第一级台阶

丁面坐浆
立砌砖块

原有铺面

辐射型砖
用长臂圆规
校准圆周砖
块位置。这
些砖块应统
一对齐圆心
且留有相同
宽度的间隙

大门位置
房屋墙体
一部分

第二级台阶

顺面坐浆
立砌砖块

轴心
将钉子钉入
圆规臂的孔
内（紧配
合）这一混
凝土地基中
的浅孔即为
圆规臂轴心

圆心

圆规臂
长度为14.5cm
的木条，远端
悬钉一枚长
钉，协助校准
圆周砖块铺砌
方位

人字形砌纹

用砂浆和鹅卵石将余下空
间填至与原有铺面水平

半圆形台阶分解图

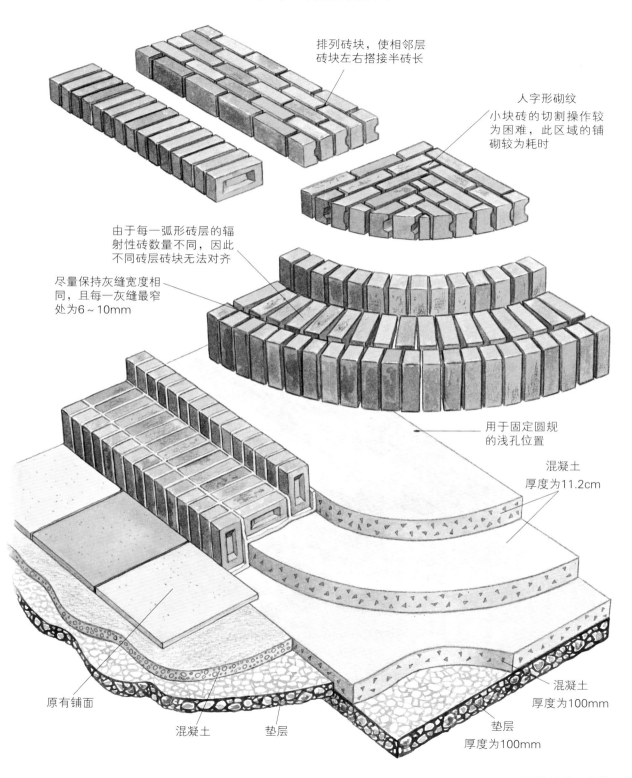

排列砖块，使相邻层砖块左右搭接半砖长

人字形砌纹
小块砖的切割操作较为困难，此区域的铺砌较为耗时

由于每一弧形砖层的辐射性砖数量不同，因此不同砖层砖块无法对齐

尽量保持灰缝宽度相同，且每一灰缝最窄处为6～10mm

用于固定圆规的浅孔位置

混凝土
厚度为11.2cm

原有铺面

混凝土

垫层

混凝土
厚度为100mm

垫层
厚度为100mm

长臂圆规
钉有悬吊的
长钉，帮助
对齐砖块

顺斗砖
砖块丁面
坐浆立砌

1 先采用顺斗砖砌式（丁面坐浆立砌）铺砌底层台阶最外层。并用长臂圆规（见第46页）和水准尺进行位置校准。在砖块的凹槽面抹上砂浆，然后以10mm灰缝间隔排砌。竖立平行的砖块间灰缝为10mm，沿弧形向两边辐射的砖块间灰缝则为10mm或更宽。

底层台阶的外缘
此边缘以里区域
都用混凝土填满

混凝土
填充混凝土的区域深度应为砖块顺面坐浆后的高度加10mm砂浆宽度

捣实
用木条捣实混凝土，使其表面平整

2 在最外层砖块以里的区域摊铺表面平整且厚度适中的混凝土，确保摊铺后的区域深度可以容纳一层顺砖坐浆的砖层以及10mm的灰缝。用较短的捣实梁将混凝土摊铺开来并将表面整平。如果不确定混凝土层是否平整，应尽量将中间区域整平，边缘区域可以稍低（后期可以用砂浆将较低的砖块垫平）。静置一段时间，待混凝土干固。

对齐
砖块要统
一朝向圆
规的圆心

3 在混凝土层上方摊铺一
层砂浆并铺砌弧形砖
层。用圆规和水准尺校准
砖块位置。该层砖块的缝隙
无法与最外层缝隙对齐，但
是仍要尽量保证砖缝宽度相
同，并确保所有砖块对齐圆
心摆放。

台阶校平
确保立砌
砖块与地
面垂直

长臂圆规
检查每块砖
的对齐状况

4 在同一混凝土层上铺建
第二级台阶的最外层，
用圆规协助校准砖块位置，
以形成规范的弧形。检查该
层砖块的顶面是否与门道铺
面齐平。等灰缝砂浆干透后
再进行后面的操作。

混凝土
填充混凝土的
区域深度应为
顺面坐浆的
砖块高度加
10mm灰缝

捣实
捣实混凝土
至表面平整

砖块校平
时刻检查砖
块是否垂直
于水平面

5 按照第2步的方法，在第二级台阶的最外层以里填入混凝土。用较长的捣实梁将其表面整平。摊铺混凝土后的上层空间应足以容纳10mm的砂浆层，以及其上铺砌的最后一层砖。

砌式花纹
此区域的表面砌纹会首先映入访客眼帘。如果不确定砖块能否贴合铺砌空间，或者担心出错，可以先按照设计图用干砖摆砖样

6 待混凝土凝固之后，按照图中展示的两种砌纹铺装第二级台阶的表面。先错缝铺出直线，然后再铺与直线垂直的纹样，将整个弧面填满。用石匠锤或手锤以及修砖錾进行砖块的切割塑形。用较干的砂浆填充砖缝，并用勾缝刀进行勾缝清整。

小诀窍

在砖面校平时，应让砖面以房屋地基为最高点呈现微微下斜的趋势。

都铎式拱形壁龛

壁龛往往会激发人们的无限好奇：它作何用？是神龛，还是一扇封住的窗子？它何时而建……因此，如果想为花园增添神秘感，该都铎式拱形壁龛是绝佳的选择。都铎王朝时期的英格兰主要用砖作为装饰建材，而该设计正是受到都铎式四心拱门的启发。其砌筑过程既让人期待又充满挑战，让你在享受建造乐趣的同时，又能测试自己的技能水平。

🕐 **耗时**

6天：每天垒砌砖层不应超过4层。

小贴士

参考第50页关于墙体、墙墩和扶壁的介绍。

你会需要

案例尺寸：1.61m×1.45m

 材料

- 砖：27块
- 石板：1块，55.4cm×25cm×40mm（底板）
- 垫层：0.1m³
- 砂土：一满锹
- 混凝土：1份（30kg）水泥和4份（120kg）石碴
- 钉子：20枚，长40mm
- 砂浆：1份（30kg）水泥

- 和4份（120kg）砂土
- 定型拱模中间木棍：10根，85mm×30mm×22mm
- 长臂圆规木材：1块，70cm×35mm×22mm
- 胶合板：2块，56.3cm×12.2cm×6mm（定型拱模）

 工具

- 卷尺、木桩、细绳、直尺和粉笔
- 挖土铲
- 手推车和水桶
- 铁锹和拌灰板或使用混凝土搅拌
- 机砌砖刀和勾缝刀
- 石匠锤和手锤
- 修砖錾

- 橡胶锤
- 水准尺通用
- 手板锯钢丝
- 锯
- 羊角锤
- 大锤

秀色 "龛" 餐

壁龛既可单独作为墙饰，又可当作画框来衬托展示其他物件。我们在壁龛内摆放了一尊小雕像，但是你可以根据喜好将其换成镶嵌画、废弃车轮，或是稀有古董。除此之外，还可以在壁龛内放置壁挂面具或打造一个潺潺流水的石槽。你也可以将整个拱形龛穴凿深凿大，然后将底板做成较窄的椅座供人小憩，就仿佛置身于小巧玲珑的砖石凉亭。

该壁龛较其他工程而言更具难度，因为在砌筑时要将各砖层的竖缝对齐，以使拱道两侧的墙面更为美观整洁。但尽管过程烦琐艰难，其成品的精致优美定会让你不禁感叹，一切的努力都是值得的！

都铎式拱形壁龛主视图

- 压顶砖
- 丁斗砖
- 拱道
- 壁龛
- 龛穴尺寸为69.5cm×57.3cm
- 底板 25cm宽（从前至后测量）
- 混凝土 12.5cm厚
- 垫层 20cm厚

拱模主视图（一边拆除）

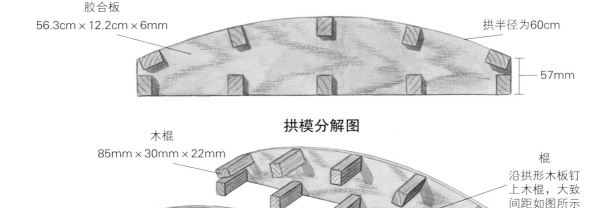

胶合板
56.3cm × 12.2cm × 6mm

拱半径为60cm

57mm

拱模分解图

木棍
85mm × 30mm × 22mm

棍
沿拱形木板钉
上木棍，大致
间距如图所示

将第二层胶合板钉在木棍
上，确保两层拱板对齐

壁龛主视图：拱模安装及固定

壁龛背部砖块
切割成贴合拱
模的形状

65°

用木块将拱
模垫至理想
水平高度

拱模

用一摞砖块支
撑拱模（砖块
摆放方式并不
重要，以稳固
为主）

梅花丁砌式
既美观又坚固

双砖墙

底板
55.4cm × 25cm × 40mm石板

都铎式拱形壁龛分解图

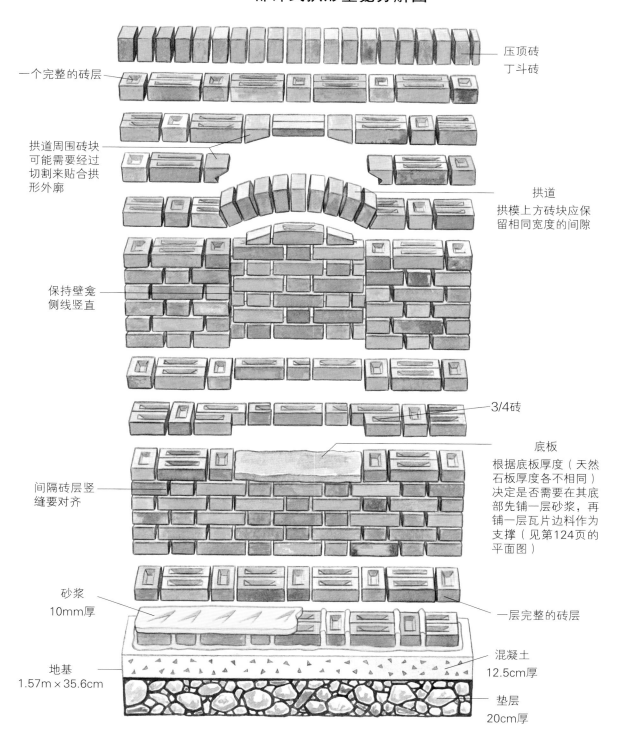

一个完整的砖层

压顶砖
丁斗砖

拱道周围砖块
可能需要经过
切割来贴合拱
形外廓

拱道
拱模上方砖块应保
留相同宽度的间隙

保持壁龛
侧线竖直

3/4砖

底板
根据底板厚度（天然
石板厚度各不相同）
决定是否需要在其底
部先铺一层砂浆，再
铺一层瓦片边料作为
支撑（见第124页的
平面图）

间隔砖层竖
缝要对齐

砂浆
10mm厚

一层完整的砖层

地基
1.57m×35.6cm

混凝土
12.5cm厚

垫层
20cm厚

墙体
先砌一面底层墙，墙高为预计摆放底板的高度

砌式
梅花丁砌式非常稳固可靠

1 铺设1.57m×35.6cm的地基，其中包含20cm厚的碎石垫层以及12.5cm厚的混凝土层。待混凝土干固之后，开始砌放底层墙砖。底层墙为双砖墙，采用梅花丁砌式建造。持续砌墙至第七层完工后暂停。用直尺、水准尺和橡胶锤检查墙体各层是否横平竖直。在砂浆尚未干透之前进行勾缝和清整。

校平
填补砂浆使底板表面与砖面平齐必要时可以垫石板

底板
将底板缓慢向外推移，形成36mm左右的凸出边缘

2 在砌第八层墙时，在砖层中央留出一块空间放置底板。将底板放在墙内并检查其尺寸是否合适。底板的侧边应与第六层砖的竖缝对齐（如果没有对齐，切割石板进行调整）。将石板坐入厚厚的砂浆层中，然后在其表面覆上一层砂土，防止石板表面在之后的施工中受到损伤。石板边缘应凸出墙面36mm左右。

单砖墙
用半砖打造梅
花丁砌式

拐角
确保拐角竖直

拱模
拱模表面无需光
滑，只要能够起
到定型作用即可

胶合板
在胶合板上用格
网定点描画出拱
模轮廓；或用长
臂圆规以60cm
半径画一条弧线

对齐
两块拱形胶合板
必须互相对齐

3 铺好底板后，在其后侧再砌八层单砖墙，从而形成一个龛穴。研究施工图并找到效果最好的砌式。

4 组装一个木质定型拱模，作为砌筑拱道时的支撑骨架（参考第46页有关长臂圆规的内容）。用钢丝锯锯出两块拱形板，再进行组装——在其中一块拱形板下方放置一根木棍，并将其钉固在胶合板上，重复此操作将其余木棍钉好。之后再将另一块拱形板置于木棍之上并钉牢。

摆砖样
在正式组砌之前，可以先在拱模上用干砖摆样，只有先确认自己可以掌握相邻砖块间留缝宽度后，才更容易在砂浆上进行组砌。调整砖块角度确保每块砖都对准底板中心

5 用两摆砖支撑拱模，继续在其后侧垒砌单砖墙，切割砖块以贴合拱模轮廓。完成拱道两侧的砖墙砌筑，并将贴靠拱道的两块砖切成斜面，支撑拱道砖层（见分解图）。在拱模上方砌上拱道顶层，注意砖块间保留相同的间距。拱道以上还要再砌两层砖，按照轮廓贴合要求切割砖块。最后以丁斗砖压顶。

小诀窍

如果过度用力敲击砖块，可能会损坏拱模。最好可以循序渐进地给每一块砖铺适量的砂浆。

经典圆形池塘

圆形的池塘圈着一汪柔水，给人以圆满安逸之感。本节介绍的这一座下沉式池塘建造过程趣味十足，造型美丽动人，可以搭配大多数花园风格。我们将这座池塘建在了庭院一角，周围环绕着常变常新的盆栽植物，给池塘带来了四季特色。

 耗时

挖坑：2天。

砌筑：5天。

小贴士

家中有儿童则不宜在花园中建造池塘。

你会需要

案例尺寸：直径为2.02m，深度为90cm

 材料

- 砖：220块（墙体），47块（顶缘）
- 混凝土：1份（72kg）水泥和4份（288kg）石碴
- 砂浆：1份（50kg）水泥和3份（150kg）砂土
- 建筑用砂：1t
- 钉子：5枚，6mm长
- 带手柄的捣实梁木材：1块，1.9m×90mm×60mm；2块，1.2m×90mm×30mm
- 长臂圆规支撑块木材：

- 1块，20cm×75mm×75mm
- 圆规臂木材：1块，1.29m×65mm×30mm
- 校平梁木材：1块，1.84m×90mm×30mm
- 胶合板：1块，50cm×6mm（圆规基座）；1块，46.7cm×30.5cm×6mm（U形圆规臂）
- 土工织物：37m²
- 丁基橡胶衬里：1块，4.3m×4.3m

工具

- 卷尺、木桩、细绳、标线粉笔或标线喷漆
- 挖土铲和四齿叉
- 手推车和水桶
- 剪刀
- 通用手板锯
- 羊角锤
- 铁锹和拌灰板或使用混

- 凝土搅拌机
- 钢丝锯
- 移动工作台
- 砌砖刀和勾缝刀
- 石匠锤
- 水准尺
- 大锤

"圈"住活力

圆形下沉砖砌池塘是十分经典的花园景观结构。池塘通常是花园或院落的焦点建筑，应用场景也多种多样——既可以在塘中养三五鱼儿，又可种上一片如诗如画的睡莲，还可以打造一些独特的水体景观。建造池塘之前首先要考虑一些重要的安全因素。如果家中有幼儿，那么为了安全，最好还是不要建造池塘（如果有儿童来访，可以为池塘制作板条上盖，暂时将其盖住，以确保儿童安全）。

避免在可能挖出地下管线的区域过度挖掘——挖掘时要时刻小心，如果真的挖到了地下管道，请咨询专业人员（见第62页）。如果想建造一座喷泉，需给水泵电线套上铠装塑料护套（管径为50mm），然后将电线横穿池塘底部（衬里上方）、穿进墙上孔洞、沿墙体和衬里夹层一路向上、伸出衬里边缘，最终掩埋在铺路板之下。

底层砖组砌示意图

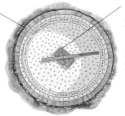

池塘衬里

丁基橡胶和土工织物衬里，铺在混凝土地基下方和墙体后方

长臂圆规

将长木条以池塘中心为轴心固定，用来校准围墙砖块组砌方位（见第46页）

顶缘砖块组砌示意图

顶缘砖块

排砌时注意保持各砖缝宽度相同

移动工作台

U形空槽的胶合板指针支撑圆规

长臂圆规

与左图安装相同，但中间用一块形状像砖头一样的胶合板扩展

经典圆形池塘剖面图

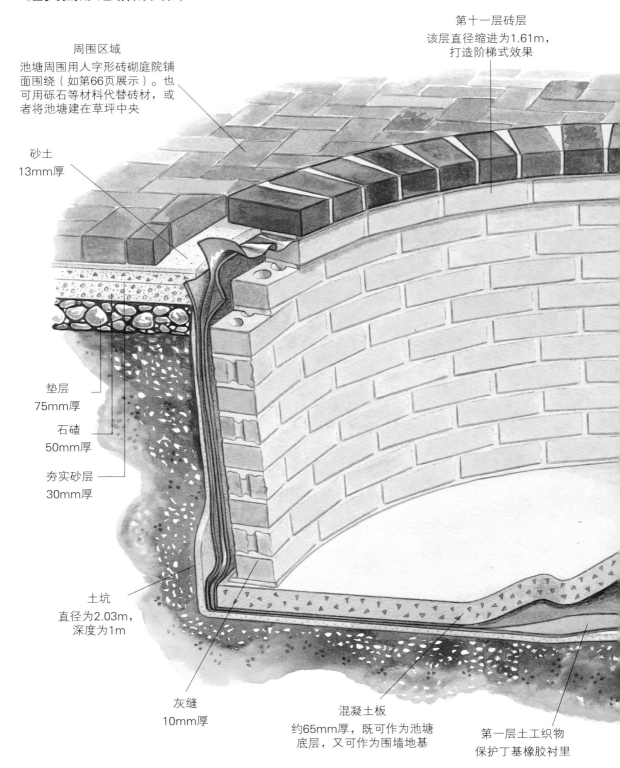

周围区域
池塘周围用人字形砖砌庭院铺面围绕（如第66页展示）。也可用砾石等材料代替砖材，或者将池塘建在草坪中央

砂土
13mm厚

第十一层砖层
该层直径缩进为1.61m，打造阶梯式效果

垫层
75mm厚

石碴
50mm厚

夯实砂层
30mm厚

土坑
直径为2.03m，深度为1m

灰缝
10mm厚

混凝土板
约65mm厚，既可作为池塘底层，又可作为围墙地基

第一层土工织物
保护丁基橡胶衬里

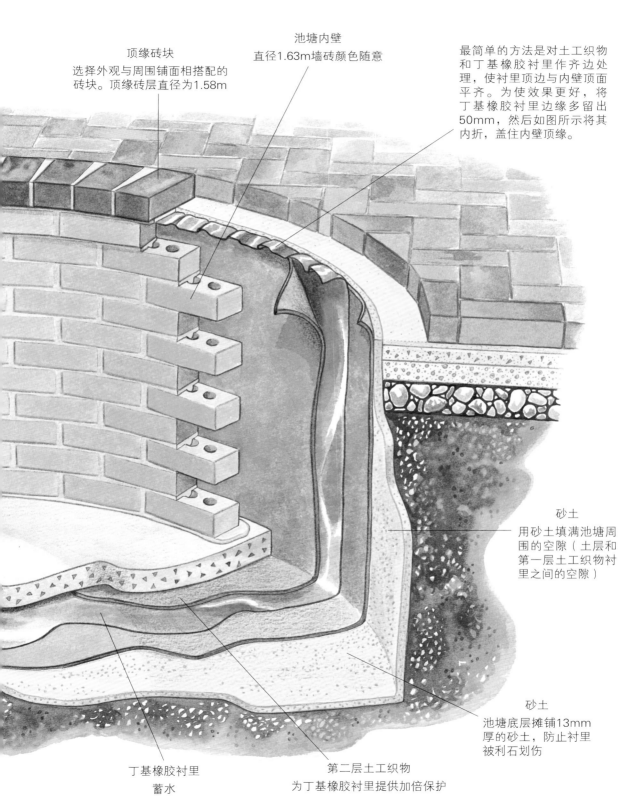

顶缘砖块
选择外观与周围铺面相搭配的
砖块。顶缘砖层直径为1.58m

池塘内壁
直径1.63m墙砖颜色随意

最简单的方法是对土工织物
和丁基橡胶衬里作齐边处
理，使衬里顶边与内壁顶面
平齐。为使效果更好，将
丁基橡胶衬里边缘多留出
50mm，然后如图所示将其
内折，盖住内壁顶缘。

砂土
用砂土填满池塘周
围的空隙（土层和
第一层土工织物衬
里之间的空隙）

砂土
池塘底层摊铺13mm
厚的砂土，防止衬里
被利石划伤

丁基橡胶衬里
蓄水

第二层土工织物
为丁基橡胶衬里提供加倍保护

挖掘
挖掘要缓慢细致，以防土坑内壁坍塌

土坑形状
如果坑壁碎土块较多，可将坑顶挖宽一点

顶部
用砖块压住土工织物顶边

内壁
铺上比较大块的土工织物，在内壁底部形成较大面积的堆叠

底部
在摊铺土工织物之前先清除锋利的石块

1 标划出直径为2.03m的圆形区域（如有需要可一并标划出庭院铺面区域）并沿标线挖一个1m深的土坑。土坑边缘土可能会松动掉落，但影响不大，只要土坑底部直径不小于2.03m即可。如果土面坚硬且多石，可以用鹤嘴锄将石块敲碎。

2 清除土坑内较为锋利的石块，依次在坑底摊铺砂土和土工织物。铺土工织物时，先将其覆盖坑底，然后向上拉拽，使其覆盖住土坑内壁，且褶皱均匀，并在内壁和坑底接合处形成至少100mm的堆叠。土工织物的顶边应超出土坑外缘30cm或以上。用砖块压住土工织物的顶边。

丁基橡胶衬里
用砖块压住衬里边缘

内壁
尽量让覆盖内壁的衬里褶皱均匀

土工织物同
第2步，在丁基橡胶衬里上覆盖一层土工织物

捣实
将混凝土层捣实整平使其稍微超过土坑内壁下缘

混凝土
在土工织物上方铺65mm厚的混凝土

3 用一整块丁基橡胶衬里将土工织物完全覆盖（此时不要向坑内加水）。调整橡胶衬里，使其贴合土坑形状，并确保内壁衬里褶皱均匀。丁基橡胶衬里顶边应超出土坑外缘30cm或更多。用砖块压住橡胶衬里顶边。

4 在丁基橡胶衬里上层再覆盖一层土工织物，同样确保顶边多出一块，并用砖块压住。请帮手一起在坑底摊铺一层65mm厚的混凝土，并站在地面用捣实梁将其表面整平（用钉子钉固捣实梁的手柄与刮板）。静置两天至混凝土干固。

水平方向
校准
检查每层砖
面是否水平

竖直方向
校准
用水准尺确
保墙面与地
面垂直

5 在混凝土层上砌筑一圈十砖高的圆形砖壁（直径约为1.63m）。最好使用长臂圆规以确保内壁形状标准（见第46页和第130页）。相邻砖块之间留出10mm左右的灰缝，在砂浆干固之前刮掉残余清整灰缝。施工过程中时刻检查砖层是否横平竖直。十砖内壁砌好之后，加盖第十一层砖，并将该层砖凸出前十层墙面15mm左右，形成具有装饰性的阶梯造型（该砖层直径为1.61m）。

长臂圆规
用长臂圆规确
保内壁顶缘为
规整的圆形

庭院铺面
如果绕池塘
进行庭院铺
装，则需绕
池塘挖出
一圈土，
然后摊铺
50mm的垫
层、30mm
厚的夯实
石碴以及
13mm厚的
未夯实粗砂

6 将之前留出的两种衬里顶边向内翻折，盖住壁缘。用砂土将砖内壁与土层之间的空隙填满。剪掉翻折部分的衬里，使衬里边缘与砖面边缘平齐。组装一个半径为1.58m的长臂圆规（如果你在第5步用到了长臂圆规，可以经调整重复使用）。按照圆规的转动轨迹在池塘边缘排砌第12层砖。圆规带有胶合板基座。使用时，将基座置于工作台上，并在基座上方放置支撑块。在支撑块四周放置砖块，起到固定支撑块和压稳基座的作用。将圆规臂钉在支撑块上，以钉子为轴心进行转动。圆规臂远端带有U形指针，可校准边缘砖块铺砌方位。如果砖块立面与指针内边垂直，则说明摆放准确。完成周围区域的铺面。

砖砌烧烤炉

砖砌烧烤炉在美观性和独特性方面完胜其他形式的户外烤炉。该结构包含宽敞的烹饪空间和操作台、便捷实用的置物架，以及用来排烟的炉膛烟囱。砖砌烧烤炉是非常亮眼的花园特色，非烧烤季时，可在其操作台和置物架上摆放盆栽植物装点园景（将花盆置于托盘上，以免给置物架表面留下水渍）。

🕐 **耗时**

5天（使用现成地基）。

小贴士

烤炉中有明火时必须有人照管，特别是家中有儿童和宠物时应尤其注意。

你会需要

案例尺寸：1.61m×1.56m×83.2cm

 材料

- 砖：377块
- 混凝土板：4块，44.1cm× 30mm
- 瓦片：30块，15cm×8mm
- 板岩：数量任意，椭圆形，直径50mm、厚度为8mm
- 砂浆：1份（40kg）水泥和4份（160kg）砂土
- 定型拱模中间的木棍：9块，19.2cm×35mm×

- 22mm
- 长臂圆规木材：1块，46cm×35mm×22mm
- 直尺木材：1块，1.7m×35mm×20mm
- 胶合板：2块，72cm×36cm×6mm）（定型拱模）
- 钉子：18枚，30mm
- 烧烤架：64～68.5cm× 34.8～45cm

工具

- 卷尺、直尺和粉笔
- 挖土铲、园艺叉和铁锹
- 手推车和水桶
- 大锤
- 铁锹和拌灰板或使用混凝土搅拌机
- 钢丝锯

- 砌砖刀和勾缝刀
- 石匠锤和手锤
- 修砖錾
- 橡胶锤
- 水准尺
- 通用手板锯
- 羊角锤

户外派对

人人都爱户外烧烤——在温暖明媚的室外烹饪用餐有着令人难以抵抗的吸引力。如果你经常请朋友来做客，那么一定要在花园中准备这样一个比一般烧烤炉大、耐久性也更好的户外烧烤炉。有了这个砖砌烤炉，你就再也不用被各种容易锈蚀的小物件搞得手忙脚乱了。

建造烧烤炉前要先斟酌其建造方位。砖砌烧烤炉一旦建好便无法轻易挪动，因此在开工之前，先用一次性烤架在拟建位置进行试炊，确定场地是否合适。要留意周围是否有安全隐患，例如低垂的树枝，以及花棚架上的植株会不会离火源太近而枯萎或燃烧。同时要考虑烤炉是否离坐席区太远等问题。砖砌烧烤炉需要坚固的地基，因此在施工前要先检查现成庭院铺面的地基状况（见第35页）或铺设新的地基（见第138页）。

砖砌烧烤炉透视图

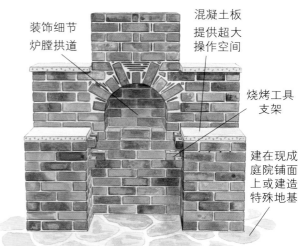

装饰细节炉膛拱道

混凝土板提供超大操作空间

烧烤工具支架

建在现成庭院铺面上或建造特殊地基

烤炉平面图：底层砖示意图

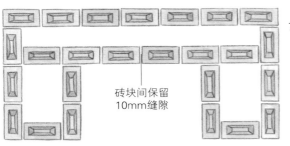

砖块间保留
10mm缝隙

拱模主视图（另一面拆除）

胶合板
72cm × 36cm × 6mm

36cm拱半径

木棍
19.2cm × 35mm × 22mm

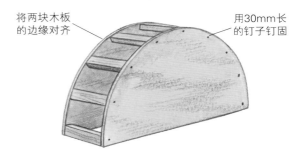

烤炉平面图：第二层砖示意图

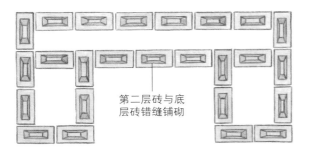

第二层砖与底
层砖错缝铺砌

拱模透视图

将两块木板
的边缘对齐

用30mm长
的钉子钉固

烤炉平面图：第七层砖示意图

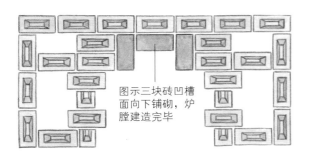

图示三块砖凹槽
面向下铺砌，炉
膛建造完毕

砖砌烧烤架侧视图

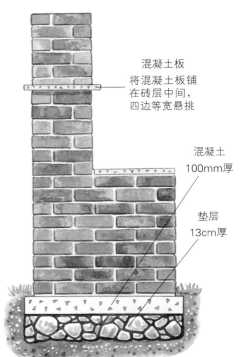

混凝土板
将混凝土板铺
在砖层中间，
四边等宽悬挑

混凝土
100mm厚

垫层
13cm厚

烤炉平面图：第九层砖示意图

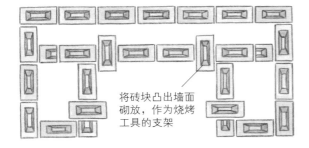

将砖块凸出墙面
砌放，作为烧烤
工具的支架

砖砌烧烤炉分解图

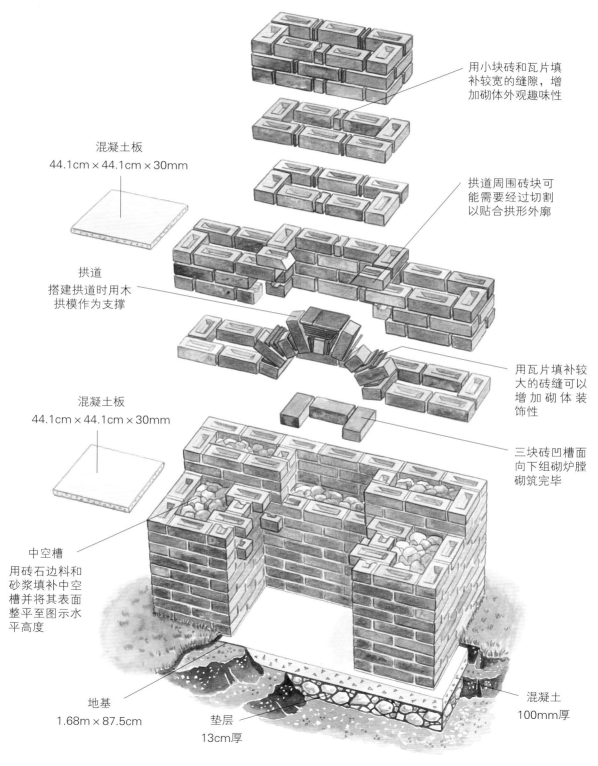

用小块砖和瓦片填补较宽的缝隙，增加砌体外观趣味性

拱道周围砖块可能需要经过切割以贴合拱形外廓

混凝土板
44.1cm × 44.1cm × 30mm

拱道
搭建拱道时用木拱模作为支撑

用瓦片填补较大的砖缝可以增加砌体装饰性

混凝土板
44.1cm × 44.1cm × 30mm

三块砖凹槽面向下组砌炉膛砌筑完毕

中空槽
用砖石边料和砂浆填补中空槽并将其表面整平至图示水平高度

地基
1.68m × 87.5cm

垫层
13cm厚

混凝土
100mm厚

底层砖
多花一点时间摆好底层砖

定位线
用粉笔在砖层外廓划线

1 如果园中没有现成的庭院铺面为砌体提供坚固的地基，需先挖一个23cm深的基坑并依次摊铺13cm厚的夯实垫层及100mm厚的混凝土（如果烧烤炉周围为草地，需将地基深度增加50mm，确保砖面可以与草地平齐）。先标划出烧烤炉底层外廓，然后按照如图顺序用干砖摆底层砖样。将烤架和烤盘放入指定区域，检验尺寸是否贴合。

砂浆
底层砖下摊铺的砂浆应较为干硬的质地

直角
拐角应为90°

校平
调整砖块位置，使其表面与其他砖平齐

2 如果将烧烤架建在现成庭院铺面上，在动工前应先检查铺面各处是否水平。如果铺面存在斜坡，可以在底层砖下多摊铺一些砂浆作为调整。如果斜坡过大（以砌体宽度为水平距离，在垂直高度上下降10mm以上），则需在铺面上盖一块表面水平且厚度为40mm以上的混凝土板。一切就绪后，开始砌第一层砖。

拐角
在堆砌拐角的同时用水准尺检查其边线是否与地面垂直

3 继续向上砌筑墙壁，确保错缝砌砖以及墙面的横平竖直。每砌好一块砖后需先用水准尺校准，再进行下一块的砌筑。在砂浆尚未干透之前进行勾缝并清理残余砂浆。

边角料
所有砖块和砂浆边角料都可以用于填补空槽

支撑砖
将支撑砖块竖放于砖层上使接触面位于砖块中间

校平
确保各支撑砖在同一水平面

4 完成前六层砖墙的砌筑工作。在砌第七层砖时，按照图中所示改变砖块的砌式，使该层中有四块砖凸出墙面，作为放置金属烤盘的支架。

分步教程：打造砖砌烧烤炉

烧烤架
烧烤架放置在
烤盘上方两砖
层的位置

校平
调整烤架和
烤盘摆放位
置，确保二
者水平放置
且互相平行

5 继续向上砌筑，并在第九层砖中为烧烤架搭砌支架砖块。试放烧烤架和烤盘，检查二者尺寸是否与凹槽相符，然后将其搁置在一边。截至目前砌体两侧的中空结构都已建好，可以着手进行烧烤炉后部结构的砌筑工作。制作一个用于支撑拱道砖块的拱模（见第124～129页"都铎式拱形壁龛"中使用的拱模）。

拱道
用砂浆和板
岩调准拱道
周围砖块的
组砌角度

拱模
用砖块作为
支撑

支撑砖
用薄木片或板
岩垫平拱模

6 用砖块架住拱模，然后在拱模上搭建拱道，用板岩支撑拱模上方的砖块。从拱模一边开始砌筑，先在已砌好砖块表面摊铺砂浆，然后砌放拱道的第一块砖，并调整角度使其对准拱心（如果角度不对，可以推动砖底板岩校准砖块位置）。继续组砌，并在快要到达拱道中线时停止，换从另一边组砌。最后，在中线位置插入一块砖，作为拱道砌筑的最后一道工序。

砖层
保证拱道两侧
的砖层在同一
水平面

瓦片
用碎瓦片打
造装饰填缝

7 用砖块、砂浆的边角料
或垫层碎石填补砌体中
空部位，使其表面与烧烤架
平齐。用切割过的砖块和装
饰花砖填充拱形结构上方的
空隙。组砌同时用勾缝刀勾
缝，并填补墙面缝隙。

校平
用水准尺
反复校平

操作台
用砂浆和板
岩将混凝土
板垫平

8 完成烟道的砌筑，并时
刻检查所砌砖层是否水
平。确定混凝土板尺寸适中
后，将其坐入10mm厚的砂
浆中。勾缝并清整灰缝。将
烧烤炉静置数日后再投入使
用，避免砂浆在高温烘烤下
干燥得过快。

景观墙

古老的墙壁既是一面独具魅力的建筑，又是一段历史的见证者。它象征了人类需求的不断变化——随着时代更迭，墙中门窗的样式也有所改变，并且加入了各种不同的元素。本节要介绍的景观墙也试图用不同的拼砌图纹达到异曲同工的效果。你可以将其打造为一件艺术品，用它诠释过去生活的点滴——无论是步入婚姻殿堂、新生命的降临，又或是其他人生大事，都可通过墙壁上的结构和纹理娓娓道出。

⏱ **耗时**

6天（每天砌筑量不宜超过4层）。

小贴士

如果家中有儿童，可在墙后增加扶壁结构，增加安全性（见第50页）。

你会需要

案例尺寸：1.71m×2.58m

材料

- 砖：306块
- 石材：1块石板，43cm×24cm×60mm；2块漂石，直径为20cm；14块小石板，30cm×20cm×30mm
- 磨盘：直径为41cm，厚度为11cm
- 瓦片：9块，21.5cm×16.2cm×10mm
- 大卵石：40粒，直径为50mm
- 小卵石：150粒，直径为15mm

- 垫层：0.2m³
- 混凝土：1份（60kg）水泥和4份（240kg）石碴
- 砂浆：1份（60kg）水泥和4份（240kg）砂土
- 定型拱模中间的木棍：8根，20.4cm×35mm×22mm
- 长臂圆规木材：1块，56cm×35mm×22mm
- 胶合板：2块，46cm×39.5cm×6mm（定型拱模）
- 钉子：16枚，40mm长

工具

- 卷尺、木桩、细绳、直尺和粉笔
- 挖土铲和四齿叉
- 手推车和水桶
- 大锤
- 铁锹和拌灰板或使用混凝土搅拌机

- 羊角锤
- 砌砖刀和勾缝刀
- 石匠锤和手锤修砖錾
- 水准尺
- 通用手板锯
- 钢丝锯

岁月的纹理

历史悠久的废弃古堡或教堂往往叫人心驰神往——穿梭于被时光遗忘的残垣断壁之间，赞叹那摇摇欲坠但却依旧屹立不倒的神奇拱道，踏上一段不知去向何处的神秘阶梯……相信你一定也想在自家花园深处打造这样一处专属于自己的神秘"废墟"吧？本节所介绍的景观墙，正可以满足你的愿望，让你的花园增添一丝与众不同的岁月感。

该景观墙高达1.71m，因此需要一个坚固的地基（见第146页）。我们将这面墙建在了花园最深处的树篱旁。由于平时鲜少有人前往，因此并没有为其搭配扶壁或支承墩。但如果你的家中常有儿童在墙边玩耍，则必须砌筑额外支撑结构（参考第50页"支承墩和扶壁"）。

该景观墙可以使用各种砖材和石材，无需严格按照图纸作业。你可将刻有铭文的石头、化石，甚至是贝壳嵌入砂浆之中，随心打造属于自己的迷人墙面。

景观墙平面图：底层砖示意图

地基
2.65m×30cm

双砖墙
采取梅花丁砌式

景观墙平面图：第二层砖示意图

第二层砖块要与第一层错缝组砌

拱模主视图（另一面拆除）

拱模透视图

胶合板
46cm×39.5cm×6mm

木棍
20.4cm×35mm×22mm

用40mm长的钉
子将木棍与木板
固定在一起

按图示间隔
钉固木棍

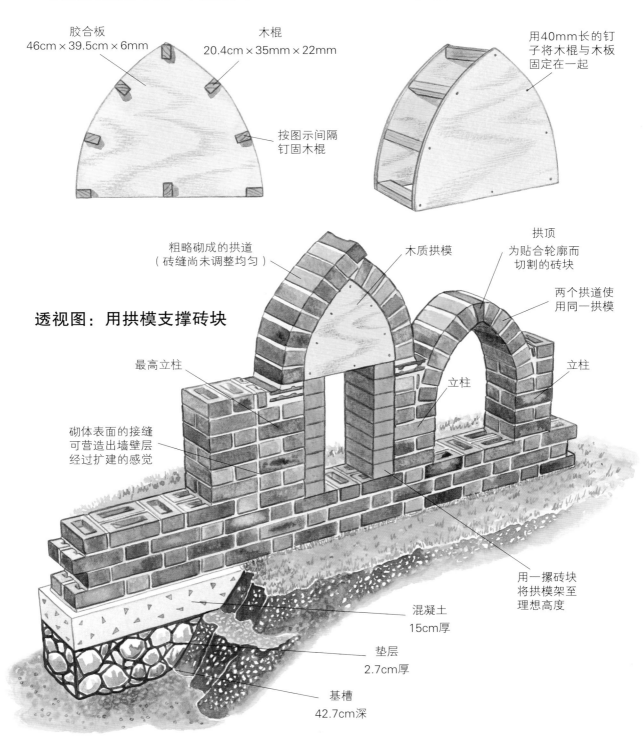

粗略砌成的拱道
（砖缝尚未调整均匀）

木质拱模

拱顶
为贴合轮廓而
切割的砖块

两个拱道使
用同一拱模

透视图：用拱模支撑砖块

最高立柱

立柱

立柱

砌体表面的接缝
可营造出墙壁层
经过扩建的感觉

用一摞砖块
将拱模架至
理想高度

混凝土
15cm厚

垫层
2.7cm厚

基槽
42.7cm深

景观墙分解图

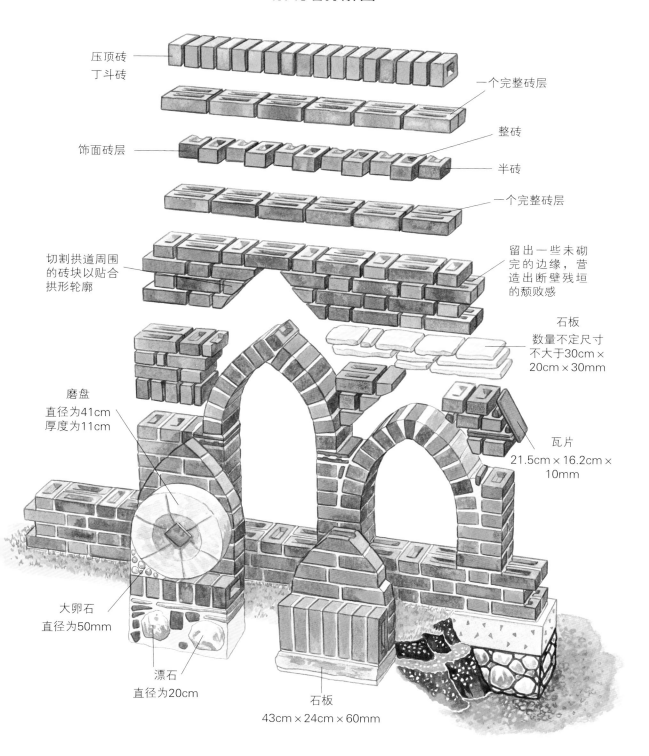

压顶砖
丁斗砖

一个完整砖层

饰面砖层

整砖

半砖

一个完整砖层

切割拱道周围
的砖块以贴合
拱形轮廓

留出一些未砌
完的边缘，营
造出断壁残垣
的颓败感

石板
数量不定尺寸
不大于30cm ×
20cm × 30mm

磨盘
直径为41cm
厚度为11cm

瓦片
21.5cm × 16.2cm ×
10mm

大卵石
直径为50mm

漂石
直径为20cm

石板
43cm × 24cm × 60mm

分步教程：砌筑景观墙

校平
用水准尺校
平各砖层

砌式
用梅花丁砌式
垒砌头三层墙

1 挖一个42.7cm深的基槽并在其底部依次摊铺22.7cm厚的夯实垫层和15cm厚的混凝土。用粉笔和施工用尼龙绳或直尺标划出墙体轮廓。以图示砌式垒砌前三层墙体，确保相邻砖层错缝组砌以及墙体的横平竖直。由于最终成品要保留墙体历经风霜且经过多次修复的效果，因此只需要将灰缝中多余砂浆刮掉即可，无需精致的勾缝，也不用填补空缝。

校平
确保立柱
平行直立

校平
确保立柱垂
直于地面竖
立，两立柱
应在同一水
平高度

立柱
垒砌两根截
面为正方形
的双砖立柱

2 如图所示堆砌两根等高立柱以及一根略高于二者的立柱（参考第146～147页的平面图）。在砌筑时要转动砖块，实现错缝组砌。此外，要用水准尺对砖层进行校平。

拱模
参考施工
图确定拱
模形状

3 制作木质定型拱模来支撑拱道砖块的砌筑。可以先用长臂圆规（见第46页）在胶合板上画两个半径为46cm的拱弧，然后按照划线用钢丝锯切下两块拱形木板并进行组装（参考第124~129页"都铎式拱形壁龛"）。

拱顶
切割一块贴
合拱形外廓
的砖作为顶
尖砖

丁斗砖
砖块顺面
朝向拱模

拱模
用两摞砖
支撑固定

4 用两摞砖块将拱模架在两根矮立柱之间。分别从拱模两边向中间砌放砖块，保持砖缝等距，并用石匠锤锤柄敲打砖块进行压浆。在拱顶位置砌上一块经过切割贴合拱形轮廓的顶尖砖。

分步教程：砌筑景观墙

砌式
拱形结构以上
的砖层仍为梅
花丁砌式

阶梯状细节
用瓦片打造一
些独具特色的
小细节

5 按照图纸所示在拱道周围继续堆砌砖块和瓦片（也可按照自己的设计选择材料）。这一步可以有效利用多余的砖石材料。待砂浆干透后，将拱模移开，继续用其砌筑第二个更高的拱道。用砖石填充较矮拱道下方的凹穴。在较高拱道后面砌筑一面单砖墙。

拱顶
切割砖块以
贴合轮廓

细节装饰
用砂浆和大
卵石填充磨
盘周围的空
隙作为饰面

填补
寻找一些奇趣
小物填补空槽

6 在高拱道的凹穴内摊铺砂浆，然后放入磨盘。用大卵石和砂浆填补磨盘周围的空隙。也可以将一些外观奇趣的建筑废材或陶器碎片填在空隙之中。

丁斗砖
墙顶压顶砖采
用丁斗砖砌式

7 完成拱道上方常规砖层的砌筑，并在其上层砌筑饰面砖层。将砖块切成半砖来打造凹凸不平的装饰细节。最后立砌一层压顶砖，为整个砌筑过程划上句号。

小诀窍

若想让墙壁看起来更具饱经沧桑的岁月感，可以先刮掉灰缝表面的砂浆，然后在砂浆干透之前，用钢丝刷刷蚀灰缝表面的砂浆，造成风霜雨打的视觉效果。

跌水槽

无论是小巧玲珑的院落，还是恬静花园的一角，都会因为跌水槽的存在而瞬间变得更为丰富多彩——清澈的流水从红砖拱墙上的壁挂面具中潺潺流下，在悬挑于墙面的溅水砖上激起灵动的水花，最终跌入蓄水池泛起层层波澜。如果你热爱流水下落那疗愈的画面与声音，这个美轮美奂的跌水槽定会让你眼前一亮，成为园中不可多得的美景。

🕐 **耗时**

5天（如需建地基则要6天）。

___

小贴士

花园中有水景结构时，切勿在无人照管的情况下任由儿童嬉闹。

你会需要

案例尺寸：墙高1.47m，墙体和蓄水池宽94.8cm，蓄水池深80.5cm

 材料

- 砖：205块
- 瓦片：24块，24.5cm×15.2cm×10mm
- 砂浆：1份（25kg）水泥和4份（100kg）砂土
- 打底砂浆：1份（25kg）水泥和4份（100kg）粗砂
- 拱模夹层木棍：10根，19.3cm×35mm×22mm
- 长臂圆规木材：1块，44.6cm×35mm×22mm
- 胶合板：2块，69cm×

- 34.5cm×6mm（拱模）
- 钉子：20枚，40mm长
- 铠装塑料管：4m长，50mm管径（用于保护电线和进水管）
- 塑料软管（进水管）：2m长，50mm管径；一端接在水泵上，外面套有铠装塑料管
- 小型潜水泵
- 面具：21.5～29cm高
- 防水漆：1L

🔧 **工具**

- 卷尺、直尺和粉笔
- 切割管线的弓锯
- 手推车和水桶
- 铁锹和拌灰板或使用混凝土搅拌机
- 羊角锤

- 砌砖刀和勾缝刀
- 石匠锤和手锤
- 修砖錾
- 水准尺通用
- 手板锯
- 钢丝锯

心，随水而动

喷泉、瀑布、叠水景观和跌水槽等都是优美异常的花园庭院景观——流水叮咚、水花四溅，池面泛起的层层涟漪水波，其声其景都令人无比陶醉。跌水槽多见于规则式古典风花园中，但同样也可以点缀各式各样的现代风花园。

大多数跌水槽设计都是将面具固定在一面现成的墙壁上，这就意味着要在墙体内部安装水电管线，整体工程十分浩大。而相比之下，这个跌水槽设计的一大优点就在于它的独立性：该设计无需现成墙壁（但是你可以将其建在墙前），所有的管线都可以藏进跌水槽后部的空槽中。

你可以改变跌水槽的整体形状（缩小尺寸或将拱形顶端改为方形），或加入造型华丽的花砖装饰。此外，也可以改变壁挂面具风格——我们选择的面具风格较为突出，你可以选择更肃穆内敛的造型，如雄狮头像。如果你想用黏土或铜材自己设计一个壁挂面具，也不失为一个好主意。

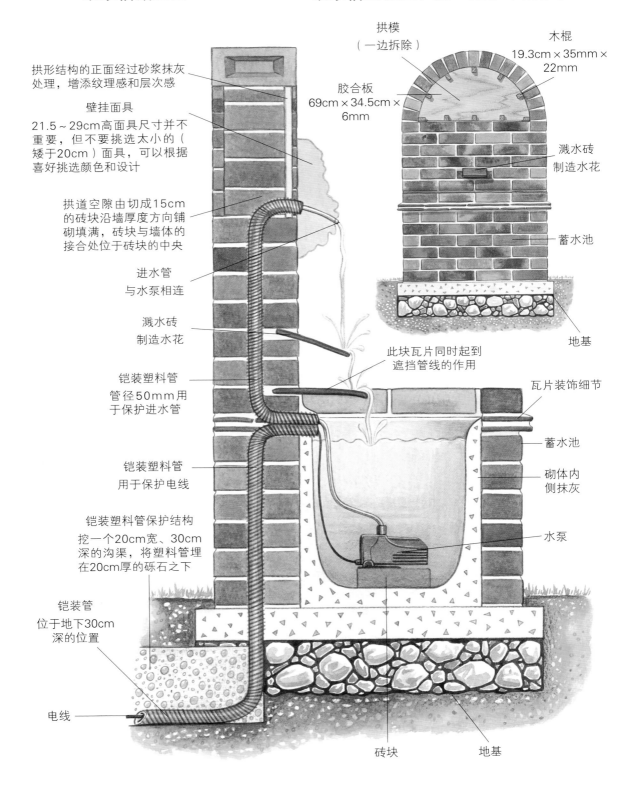

跌水槽截面图

跌水槽主视图：施工过程中的拱模

拱形结构的正面经过砂浆抹灰处理，增添纹理感和层次感

壁挂面具
21.5～29cm高面具尺寸并不重要，但不要挑选太小的（矮于20cm）面具，可以根据喜好挑选颜色和设计

拱道空隙由切成15cm的砖块沿墙厚度方向铺砌填满，砖块与墙体的接合处位于砖块的中央

进水管
与水泵相连

溅水砖
制造水花

铠装塑料管
管径50mm用于保护进水管

铠装塑料管
用于保护电线

铠装塑料管保护结构
挖一个20cm宽、30cm深的沟渠，将塑料管埋在20cm厚的砾石之下

铠装管
位于地下30cm深的位置

电线

拱模
（一边拆除）

木棍
19.3cm × 35mm × 22mm

胶合板
69cm × 34.5cm × 6mm

溅水砖
制造水花

蓄水池

地基

此块瓦片同时起到遮挡管线的作用

瓦片装饰细节

蓄水池

砌体内侧抹灰

水泵

砖块

地基

跌水槽分解图

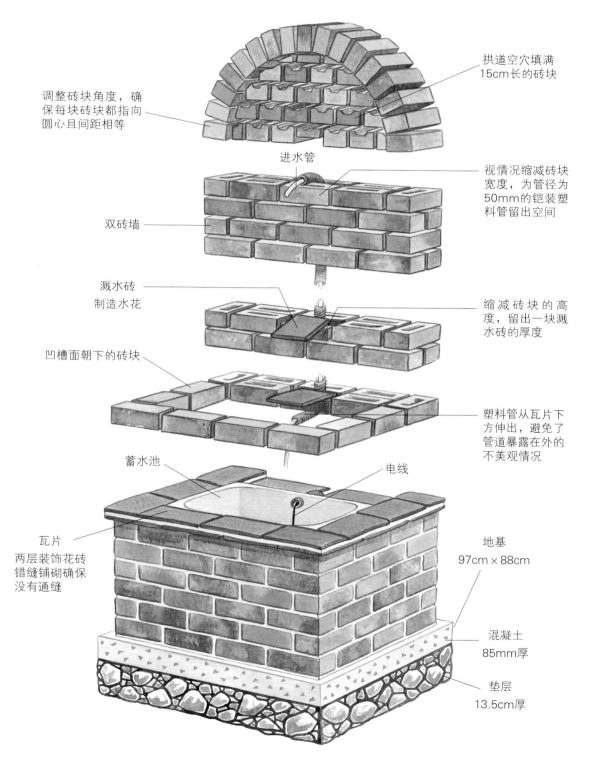

调整砖块角度，确保每块砖块都指向圆心且间距相等

拱道空穴填满15cm长的砖块

进水管

双砖墙

视情况缩减砖块宽度，为管径为50mm的铠装塑料管留出空间

溅水砖制造水花

缩减砖块的高度，留出一块溅水砖的厚度

凹槽面朝下的砖块

塑料管从瓦片下方伸出，避免了管道暴露在外的不美观情况

蓄水池

电线

瓦片
两层装饰花砖错缝铺砌确保没有通缝

地基
97cm×88cm

混凝土
85mm厚

垫层
13.5cm厚

后墙
在箱型结构
后侧再砌一
面墙

砌式
采取顺
砖砌式

塑料管
安装两根铠
装塑料管，
分别保护进
水管和电线

顶盖瓦
墙顶加盖双
层顶盖瓦

砖层
每砌筑几层墙
后，都要刮掉
多余砂浆并清
整灰缝

1 寻找一块坚固的庭院铺面作为跌水槽地基（参考第35页评估现有地基是否适用），或用13.5cm厚的夯实垫层和85mm厚的混凝土层铺设新的平整地基。标划出砌体的外廓。建造蓄水池：蓄水池为简单的箱形结构，箱体后侧再砌一面墙用来收纳管线。切割砖块以贴合套有电线的铠装塑料管外廓。

2 继续向上堆砌箱形结构。铺完第六层砖后，在其上方摊铺10mm厚砂浆，再坐入两层瓦片。瓦片如图示错缝相叠，尽量不要切割。如果瓦片表面有弧度，将下层瓦片弧面朝上、上层瓦片弧面朝下相对而放。铺好瓦片后，安装保护进水管的铠装塑料管。

溅水砖
溅水砖凸出宽
度以及砌放角
度会影响跌水
效果，在正式
施工前先将瓦
片固定在面具
下方正确位
置，然后从面
具中倒水测试
流水飞溅效果
在找到溅水效
果，最好的瓦
片位置后测量
并记录

3 在蓄水池顶部沿箱形结构的边缘砌放一层砖块（凹槽面向下）。为砖瓦之间的灰缝勾缝，使其表面呈向下的斜面。在后墙上固定一块溅水砖。继续向上砌后墙，砌到进水管周围时可以切割砖块以贴合水管形状。参考平面图，确定效果最好的组砌样式。

小诀窍

水管周围的一些砖块可能要
纵向切断，但其他砖块一般
只需用锤子敲掉一角即可。

长臂圆规
用长臂圆规在胶合板上画两个半径为34.5cm的半圆

拱模
胶合板或其他边角木料

拱道
沿拱道顺面朝下砌砖

拱道砖块
用小块的瓦片边料来隔开拱道砖块

拱模
用木楔将拱模卡住

4 完成后墙的砌筑并安装第二块溅水砖，最后将进水管从后墙空槽中伸出。制作木质拱模：用长臂圆规（见第46页）在胶合板上画两个半径为34.5cm的半圆，然后用钢丝锯将半圆切下。将两块半圆板组合在一起（组合方法见第124～129页"都铎式拱形壁龛"）。

5 用小木楔卡住拱模，沿拱模表面摆砖样（顺面朝下）。试摆熟练后，开始正式砌筑。将砖块砌放于厚厚一层斜面砂浆中，然后敲打砖块校准位置。如果组砌过程中有重大改动，最好铺新砂浆重新开始。组砌完毕后，将木楔抽出并移走拱模。

抹灰浆
用砂浆填补拱道凹穴并用木片在其表面压出凹痕条纹

塑料管
在塑料管附近抹灰时要格外小心，防止塑料管滑回墙内

6 用切短的砖块继续砌高拱道下方的后墙部分，使进水管露出立面孔的头部与拱道底部平齐。为拱道凹面抹灰浆，然后用木板制造一些纹理。用粗砂和砂浆混制灰浆，并将其抹至蓄水池内壁。待内壁灰浆干固后，涂上一层防水漆。静置数日，安装面具及水泵。

植物养护

花果满园

——家庭庭院植物
栽培与养护

莳花弄草

——家庭庭院的
植物选择与搭配

莳植、生长、料理

景天多肉植物图鉴

良木成境

——庭院木艺景观打造

点境之石

——庭院石艺造景实例

雅舍清池

——家庭庭院池塘设计与打造

小园闲憩

——家庭庭院露台设计与建造

庭院风格选择

全球庭院空间设计鉴赏

和风禅境

——打造纯正日式庭院

杂木庭院

——与树为伴的日式庭院

小庭景深

——小型家庭庭院风格与建造